高等学校"十三五"规划教材

基础化学实验

胡思前　王亚珍　• 主编

化学工业出版社

·北京·

《基础化学实验》包括化学实验基础知识、化学实验基本操作、常用仪器使用方法、基础化学实验、综合化学实验、化学实验室安全知识，其中，基础化学实验分为无机化学实验部分、分析化学实验部分、有机化学实验部分。为了强调学生应该具有的安全知识，还在第6章重点讲解了用水、用电安全知识、高压气体的安全使用知识、有毒化学试剂的安全知识、剧毒品的使用安全知识、易燃物的安全知识、防爆安全知识和实验过程中常见（或易发生）的安全事故。

《基础化学实验》教材可供临床、儿科、护理、口腔、针灸推拿、食品质量与安全、环境工程、生物技术、园艺、材料科学与工程及新能源材料与器件等相关专业使用。

图书在版编目（CIP）数据

基础化学实验/胡思前，王亚珍主编. —北京：化学工业出版社，2018.8 （2024.8重印）

ISBN 978-7-122-32379-8

Ⅰ.①基… Ⅱ.①胡…②王… Ⅲ.①化学实验-教材 Ⅳ.①O6-3

中国版本图书馆 CIP 数据核字（2018）第 125675 号

责任编辑：李 琰 甘九林　　　　　　　装帧设计：关 飞
责任校对：边 涛

出版发行：化学工业出版社（北京市东城区青年湖南街 13 号　邮政编码 100011）
印　　装：河北延风印务有限公司
787mm×1092mm　1/16　印张 12　字数 255 千字　　2024 年 8 月北京第 1 版第 7 次印刷

购书咨询：010-64518888　　　　　　售后服务：010-64518899
网　　址：http://www.cip.com.cn
凡购买本书，如有缺损质量问题，本社销售中心负责调换。

定　价：35.00 元

《基础化学实验》编写人员名单

主　　编　　胡思前　王亚珍
副 主 编　　彭望明　王　亮
参编人员　　胡思前　王亚珍　彭望明　王　亮　汪海平　邹　新
　　　　　　吴旺喜　马慧芳　陈战芬　余　凡　李艾华　刘　芸
　　　　　　朱天容　陈　芳　谢　芳　李　琴　刘　立

前 言

化学是实验性很强的一门学科。通过实验,一方面可以印证理论,巩固和加深对理论的理解,使理论与实际紧密地联系起来;另一方面使学生掌握有关的化学基本操作,为今后的工作和科学实验打下坚实的基础,并培养学生的独立工作能力、科学思维方法、严格的科学作风和实事求是的科学态度。因此,实验课在教学环节中发挥着重要的作用。通过实验,我们才能认真地联系理论,正确地掌握仪器操作技术,从而发现问题、解决问题。

《基础化学实验》是江汉大学化学与环境工程学院化学系及实验中心教师,为适应教学改革的需要和加强实验教学的目的,为化学相关专业学生学习而编写的。教材以相关学科教学大纲为依据,吸取国内外同类教材的精华,结合江汉大学实际情况,根据教师们在多年的教学活动中积累的教学经验,在自编的《基础化学实验》教学讲义基础上,并经教师们反复讨论增编修改编写的。《基础化学实验》的出版倾注了江汉大学化学与环境工程学院化学系及实验中心全体教师十多年的集体智慧与心血。

《基础化学实验》教材可供临床、儿科、护理、口腔、针灸推拿、食品质量与安全、环境工程、生物技术、园艺、材料科学与工程及新能源材料与器件等相关专业使用。

编写分工如下:第1章(王亮、邹新、陈芳、刘立),第2章(陈战芬、彭望明、谢芳、李琴),第3章(王亚珍、余凡),第4章(汪海平、李艾华、刘芸、朱天容),第5章(胡思前、王亚珍、汪海平、吴旺喜),第6章(邹新、胡思前、王亚珍),附录(王亮、马慧芳及胡思前)。

全书在胡思前、王亚珍、彭望明及王亮的组织协调下编写。教材的编写出版是一项繁琐的工程,在编写过程中,编者力求遵循学术规范原则,完整地正确表达化学的基本原理及实验操作规范与方法。在每章均标注了相关参考文献,但由于编者水平有限或者编写过程中的疏忽,如有不妥之处,还请相关专家指正与谅解。编者一定会听取大家的意见,再版时修改完善。

感谢江汉大学及化学工业出版社的大力支持。

编者
2018 年 2 月

目　录

第1章　化学实验基础知识 1

1.1　实验室基本规则 1

1.2　实验室安全知识 2

　1.2.1　实验室安全守则 2

　1.2.2　实验室事故处理 2

1.3　实验室三废处理 4

　1.3.1　实验室的废气 4

　1.3.2　实验室的废液 5

　1.3.3　实验室的废渣 5

1.4　化学试剂分类和使用 6

1.5　实验室用水 6

　1.5.1　实验室常见水的种类 6

　1.5.2　实验室用水级别及主要指标 7

1.6　实验预习、记录和实验报告 8

1.7　实验误差与数据处理 11

　1.7.1　误差的分类 11

　1.7.2　误差与准确度 12

　1.7.3　偏差与精密度 13

　1.7.4　准确度和精密度的关系 14

　1.7.5　有效数字 14

　1.7.6　可疑值的取舍 15

　1.7.7　实验数据处理 15

第2章　化学实验基本操作 17

2.1　常用化学实验器皿及使用 17

2.2　玻璃仪器的洗涤与干燥 21

　　2.2.1　洗涤要求和洗涤方法 ……………………………………………… 21

　　2.2.2　仪器的干燥 ………………………………………………………… 22

2.3　试剂的取用 ……………………………………………………………… 23

　　2.3.1　固体试剂的取用 …………………………………………………… 23

　　2.3.2　液体试剂的取用 …………………………………………………… 24

2.4　干燥器的使用 …………………………………………………………… 24

2.5　加热和冷却方法 ………………………………………………………… 25

　　2.5.1　加热方法 …………………………………………………………… 25

　　2.5.2　冷却 ………………………………………………………………… 27

2.6　固体物质的溶解、固液分离、蒸发（浓缩）和结晶与重结晶 ……… 27

　　2.6.1　固体物质的溶解 …………………………………………………… 27

　　2.6.2　固液分离 …………………………………………………………… 27

　　2.6.3　蒸发（浓缩） ……………………………………………………… 30

　　2.6.4　结晶与重结晶 ……………………………………………………… 30

2.7　量器及其使用 …………………………………………………………… 31

　　2.7.1　量筒的使用 ………………………………………………………… 31

　　2.7.2　容量瓶的使用 ……………………………………………………… 31

　　2.7.3　移液管、吸量管及其使用 ………………………………………… 32

　　2.7.4　滴定管及滴定操作 ………………………………………………… 33

2.8　试纸的使用 ……………………………………………………………… 35

2.9　质量称量方法 …………………………………………………………… 36

2.10　萃取 …………………………………………………………………… 37

　　2.10.1　液-液萃取 ………………………………………………………… 38

　　2.10.2　液-固萃取 ………………………………………………………… 39

2.11　干燥 …………………………………………………………………… 39

　　2.11.1　液体有机化合物的干燥 ………………………………………… 40

　　2.11.2　固体的干燥 ……………………………………………………… 41

2.12　简单蒸馏 ……………………………………………………………… 42

　　2.12.1　基本原理 ………………………………………………………… 42

　　2.12.2　蒸馏装置及其安装 ……………………………………………… 43

2.13　回流 …………………………………………………………………… 44

2.14　重结晶 ………………………………………………………………… 45

　　2.14.1　实验原理 ………………………………………………………… 45

　　2.14.2　实验操作 ………………………………………………………… 45

2.15　升华 …………………………………………………………………… 46

　　2.15.1　实验原理 ………………………………………………………… 46

　　2.15.2　实验操作 ………………………………………………………… 47

2.16　柱色谱 ── 48

第3章　常用仪器使用方法 ──────────────────────── 52

3.1　电子分析天平 ──────────────────────────────── 52

3.1.1　电子天平工作原理 ───────────────────────── 52

3.1.2　电子天平的特点 ───────────────────────────── 52

3.1.3　电子天平使用方法 ───────────────────────── 52

3.1.4　电子天平的使用注意事项 ──────────────────── 53

3.2　分光光度计 ──────────────────────────────── 54

3.2.1　基本原理 ─────────────────────────────────── 54

3.2.2　仪器构造 ─────────────────────────────────── 54

3.2.3　使用方法 ─────────────────────────────────── 55

3.2.4　注意事项 ─────────────────────────────────── 55

3.3　酸度计 ──────────────────────────────────── 56

3.3.1　基本原理 ─────────────────────────────────── 56

3.3.2　电极注意事项 ────────────────────────────── 57

3.3.3　雷磁 pHS-3C 型酸度计使用方法 ────────────── 58

3.4　电导率仪 ────────────────────────────────── 60

3.4.1　基本原理 ─────────────────────────────────── 60

3.4.2　使用方法 ─────────────────────────────────── 61

3.5　阿贝折光仪 ──────────────────────────────── 63

3.5.1　基本原理 ─────────────────────────────────── 63

3.5.2　仪器构造 ─────────────────────────────────── 64

3.5.3　使用方法 ─────────────────────────────────── 65

3.6　旋光仪 ──────────────────────────────────── 66

3.6.1　基本原理 ─────────────────────────────────── 66

3.6.2　旋光仪的构造原理和结构 ──────────────────── 66

3.6.3　使用方法 ─────────────────────────────────── 67

第4章　基础化学实验 ──────────────────────────── 69

无机化学实验部分 ────────────────────────────── 69

实验1　量器的使用和溶液的配制 ────────────────── 69

实验2　粗盐的提纯 ────────────────────────────── 72

实验3　溶胶的制备、净化与性质 ────────────────── 74

实验4　化学反应速率与活化能的测定 ─────────────── 77

实验 5　缓冲溶液的配制和性质 ························· 80

实验 6　醋酸电离度与平衡常数的测定 ··················· 84

实验 7　配位化合物和沉淀溶解平衡 ····················· 86

实验 8　氧化还原反应与电极电位的比较 ··············· 89

实验 9　硫酸亚铁铵的制备 ······························· 92

实验 10　硫代硫酸钠的制备 ····························· 95

分析化学实验部分 ······································ 97

实验 1　容量仪器的校准 ································· 97

实验 2　酸碱标准溶液的配制、浓度的比较和标定 ······· 99

实验 3　食用白醋中总酸度的测定 ······················· 103

实验 4　阿司匹林药片中乙酰水杨酸含量的测定 ········· 105

实验 5　混合碱中碳酸钠和碳酸氢钠含量的测定 ········· 107

实验 6　EDTA 标准溶液的配制和标定 ················· 109

实验 7　水的总硬度的测定 ······························· 112

实验 8　双氧水中 H_2O_2 含量的测定 ··················· 114

实验 9　水中化学耗氧量的测定 ························· 116

实验 10　维生素片中维生素 C 含量的测定 ············· 119

实验 11　氯化物中氯含量的测定 ························· 120

实验 12　邻二氮菲分光光度法测定微量铁 ··············· 123

有机化学实验部分 ······································ 125

实验 1　重结晶提纯 ····································· 125

实验 2　熔点的测定 ····································· 126

实验 3　蒸馏和沸点的测定 ······························· 129

实验 4　从茶叶中提取咖啡因 ····························· 131

实验 5　乙酸乙酯的制备 ································· 133

实验 6　柱色谱法分离甲基橙和亚甲基蓝 ··············· 135

实验 7　乙酰水杨酸的制备 ······························· 137

实验 8　糖类的性质 ····································· 139

实验 9　蛋白质和氨基酸的性质 ························· 142

实验 10　旋光度的测定 ································· 144

第 5 章　综合化学实验 ······························· **147**

实验 1　丙酸钙的制备及保鲜试验 ······················· 147

实验 2　湖水中溶解氧和高锰酸盐指数的测定 ··········· 149

实验 3　从茶叶或茶叶下脚料中提取茶多酚 ··············· 153

实验 4　食品中吊白块含量的测定 ······················· 155

实验 5　纳米薄膜材料的制备及在金属离子传感中的应用 ·················· 157

实验 6　丙烯酸酯类聚合物乳液的制备及应用 ························· 158

实验 7　相变储热微胶囊的制备与表征 ······················· 161

第 6 章　化学实验室安全知识 ······························· 163

6.1　用水、用电安全知识 ································· 163

6.1.1　用水安全 ····································· 163

6.1.2　用电安全 ····································· 163

6.2　高压气体的安全使用知识 ····························· 164

6.2.1　高压钢瓶在运输、储存、使用中的安全知识 ················ 164

6.2.2　气体钢瓶的区分 ································· 165

6.3　有毒化学试剂的安全知识 ····························· 165

6.3.1　基本概念 ····································· 165

6.3.2　毒物分类 ····································· 165

6.3.3　毒物进入人体的途径与积累 ·························· 166

6.3.4　实验室常见毒物 ································· 166

6.4　剧毒品的使用安全知识 ······························ 168

6.4.1　剧毒、易制毒化学品目录 ··························· 168

6.4.2　剧毒品的申购 ·································· 168

6.4.3　剧毒品的使用 ·································· 168

6.5　易燃物的安全知识 ································· 168

6.5.1　易燃物质的分类 ································· 168

6.5.2　燃烧分类 ····································· 169

6.5.3　着火防范及扑灭方法 ······························ 170

6.5.4　火灾中的自我防护 ······························· 172

6.6　防爆安全知识 ···································· 172

6.6.1　爆炸的分类 ···································· 172

6.6.2　爆炸性混合物爆炸 ······························· 172

6.7　实验过程中常见（或易发生）的安全事故 ·················· 174

6.7.1　与用电有关的不安全操作 ··························· 174

6.7.2　与着火和爆炸有关的实验操作 ························ 174

6.7.3　其他易引起伤害的不当操作 ·························· 175

附录 ··· 176

附录 1　实验室常用酸碱的浓度 ···························· 176

附录 2　常用 $H_2PO_4^-$ 和 HPO_4^{2-} 组成的缓冲溶液（25℃）　 $\cdots\cdots$ 176

附录 3　常用指示剂的配制 $\cdots\cdots\cdots\cdots\cdots\cdots\cdots\cdots\cdots\cdots\cdots\cdots\cdots\cdots\cdots\cdots\cdots\cdots\cdots$ 177

附录 4　常用基准物质的干燥条件及应用 $\cdots\cdots\cdots\cdots\cdots\cdots\cdots\cdots\cdots\cdots\cdots\cdots$ 178

附录 5　某些有机化合物的物理常数（20℃）$\cdots\cdots\cdots\cdots\cdots\cdots\cdots\cdots\cdots\cdots\cdots$ 178

附录 6　试剂的配制 $\cdots\cdots\cdots\cdots\cdots\cdots\cdots\cdots\cdots\cdots\cdots\cdots\cdots\cdots\cdots\cdots\cdots\cdots\cdots\cdots\cdots\cdots\cdots$ 179

附录 7　常用洗涤液的配制 $\cdots\cdots\cdots\cdots\cdots\cdots\cdots\cdots\cdots\cdots\cdots\cdots\cdots\cdots\cdots\cdots\cdots\cdots$ 182

第1章

化学实验基础知识

1.1　实验室基本规则

实验室规则是从实验室工作经验中归纳总结出来的，能够有效地防止意外事故的发生，确保实验室的良好环境和秩序。为了保证实验的顺利进行，培养良好的实验作风，学生必须遵守下列实验室规则。

(1) 实验前必须认真预习，明确实验目的和要求；了解实验的原理、方法和步骤。了解所用药品和试剂的性质，熟知实验操作过程中的注意事项。

(2) 进入实验室必须身着实验服，禁止穿拖鞋、背心进入实验室。不在实验室里大声喧哗，不在实验室饮食，不得擅自离开实验岗位，树立良好的实验风气和秩序。

(3) 实验前应检查实验所需的药品，器皿和仪器是否齐全，若有缺少或破损向教师申报登记补发。若在实验过程中损坏仪器，应及时报告并填写仪器破损报告单，经指导教师签字后交实验室工作人员处理。

(4) 实验过程中应严格遵守操作规程，仔细观察实验现象，认真做好实验记录。

(5) 实验过程中要保持实验台面整洁。废液倒入废液缸内，火柴梗、纸张和废物等必须投入废物篓内。严禁投放在水槽中，以免腐蚀和堵塞水槽及下水道。

(6) 爱护公物，节约水、电以及药品和试剂。公用仪器及试剂不得乱拿乱放，用后立即放回原处。

(7) 发生意外事故应保持镇静，不要惊慌失措；遇有烧伤、烫伤、割伤时应立即报告老师，及时急救和治疗。

(8) 实验完毕后，应将实验台、仪器和试剂整理好，必须经教师同意后方能离开，实验室一切物品不得带离实验室。值日生负责实验室的清洁工作，并关好水、电、气的开关及门窗等。

1.2　实验室安全知识

1.2.1　实验室安全守则

化学实验室中常用到水、电、气，常遇到一些易燃、易爆、具有腐蚀性或毒性的试剂，存在着许多不安全因素。不正确或不经心的操作以及忽视操作中必须注意的事项都有可能造成火灾、爆炸和其他事故发生。所以进行化学实验时，必须重视安全问题，绝不可麻痹大意。为了保证实验的顺利进行，必须熟悉和注意以下安全措施。

（1）不要用湿手接触电源。点燃的火柴用完后立即熄灭，火柴棒不得乱扔。

（2）易燃物质如乙醇、乙醚、丙酮、苯等有机物，易分解或易爆的物质如硝酸铵、氯酸钾等无机物，使用时一定要远离火源。试剂瓶用完盖紧瓶盖。使用氢气等易燃气体时，严禁接近明火，点燃前应该验纯。

（3）不要俯向容器去闻放出气体的气味。正确的做法是远离容器，将气体用手慢慢扇向自己的鼻孔。使用 H_2S、HF、Cl_2、CO、NO、NO_2、SO_2、Br_2、HCHO 等刺激性的有毒气体或易挥发性液体，应在通风橱中进行操作。

（4）浓酸、浓碱具有强腐蚀性，使用应十分小心，切勿溅到皮肤和衣服上。特别要注意保护眼睛。稀释浓硫酸时，应将浓硫酸慢慢倒入水中，同时用玻璃棒不停地搅拌，而不能将水倒入浓硫酸中。

（5）有毒药品如重铬酸钾、可溶钡盐、铅盐、砷的化合物、汞的化合物和氰化物等，不得进入口内或接触伤口。剩余的废液不能随便倒入下水道，应倒入指定的容器中回收处理。

（6）金属汞易挥发，并能通过呼吸道进入人体，逐渐积累而引起慢性中毒。如果汞洒落在桌面或地面上，应尽量收集起来，并用硫黄粉盖在洒落的地方，使之转化为不挥发的硫化汞。

（7）严禁在实验室内饮食、抽烟或把食物带进实验室。实验完毕后要洗净双手。

1.2.2　实验室事故处理

1.2.2.1　火灾

实验室中使用的许多药品是易燃的，着火是实验室最易发生的事故之一。一旦发生火灾，应保持沉着镇静。一方面，防止火势扩展，立即熄灭所有火源，关闭室内总电源，搬开易燃物品；另一方面，应立即灭火。无论使用哪种灭火器材，都应从火的四周开始向中心扑灭，把灭火器的喷出口对准火焰的底部。

如果小器皿（如烧杯或烧瓶）内着火，可盖上石棉板或瓷片等，使之隔绝空气而灭火，绝不能用嘴吹。

如果油类着火时，要用沙或灭火器灭火。撒上干燥的固体 $NaHCO_3$ 粉末，也可扑灭。

如果电器着火时，应切断电源，然后才能用二氧化碳灭火器灭火（注意 CCl_4 高温时能生成剧毒的光气，不能在狭小和通风不良的实验室里使用）。

如果衣服着火时，切勿奔跑，而应立即在地上打滚，用防火毯包住起火部位，使之隔绝空气而灭火。

总之，当失火时，应根据起火的原因和火场周围的情况，采取不同的方法扑灭火焰。表 1-1 为常用灭火器及其适用范围。

表 1-1　常用灭火器及其适用范围

灭火器类型	主 要 成 分	适 用 范 围
酸碱灭火器	H_2SO_4 和 $NaHCO_3$	非油类和电器失火的一般初期火灾
泡沫灭火器	$Al_2(SO_4)_3$ 和 $NaHCO_3$	适用于油类起火
二氧化碳灭火器	液态 CO_2	适用于扑灭电器设备、小范围的油类及忌水的化学药品的失火
四氯化碳灭火器	液态 CCl_4	适用于扑灭电器设备、小范围的汽油、丙酮等失火。CCl_4 会强烈分解，甚至爆炸；不能用于扑灭活泼金属钾、钠的失火。电石、二硫化碳的失火也不能适用，因为会产生光气一类的毒气
干粉灭火器	$NaHCO_3$ 等盐类物质与适量的润滑剂和防潮剂	扑灭油类、可燃性气体、电器设备、精密仪器、图书文件等物品的初期火灾
七氟丙烷灭火器	CF_3CHFCF_3	适用于电子计算机房、图书馆、档案馆、贵重物品库、电站（变压器室）、电讯中心、洁净厂房等重点部位的消防保护

1.2.2.2　中毒

化学药品大多数具有不同程度的毒性，主要通过皮肤接触或呼吸道吸入引起中毒。一旦发现中毒现象可视情况不同采取各种急救措施。

溅入口中而未咽下的毒物应立即吐出来，用大量水冲洗口腔；如果已吞下时，应根据毒物的性质采取不同的解毒方法。

腐蚀性中毒，强酸、强碱中毒都要先饮大量的水，对于强酸中毒可服用氢氧化铝膏。不论酸中毒还是碱中毒都需服牛奶，但不要吃呕吐剂。

刺激性及神经性中毒，要先服牛奶或蛋白缓和，再服 $MgSO_4$ 溶液催吐。

吸入有毒气体时，将中毒者搬到室外空气新鲜处，解开衣领纽扣。吸入少量氯气和溴气时，可用 $NaHCO_3$ 溶液漱口。

总之，实验室中若出现中毒症状时，应立即采取急救措施，严重者应及时送往医院。

1.2.2.3　割伤

可用消毒棉棒把伤口清理干净，若有玻璃碎片需小心挑出，然后涂以药水等抗菌药物消炎并包扎。若伤口较大，流血不止时，可在伤口上方 10cm 处用带子扎紧，减缓流血，并立即送往医院就诊。

1.2.2.4　灼伤、烫伤

（1）酸灼伤　皮肤被酸灼伤应立即用大量水冲洗，再用 5％ $NaHCO_3$ 溶液洗涤，然后涂上油膏，将伤口包扎好，眼睛受伤应先抹去眼外部的酸，然后立即用水冲洗，用洗眼器或水龙头上橡胶管对着眼睛冲，再用稀 $NaHCO_3$ 洗，最后滴入少许蓖麻油。

衣服溅上酸后应先用水冲洗，再用稀氨水洗，最后用水冲洗干净；地上有酸应先撒石灰粉，后用水冲刷。

（2）碱灼伤　皮肤被碱灼伤应先用大量水冲洗，再用饱和硼酸溶液或 1% HAc 溶液洗涤，涂上油膏，包扎伤口。眼睛受伤应抹去眼外部的碱，用水冲洗，再用饱和硼酸溶液洗涤，滴入蓖麻油。

衣服溅上碱液后先用水洗，然后用 10% HAc 溶液洗涤，再用氨水中和多余的 HAc，最后用水洗净。

（3）溴灼伤　皮肤被溴灼伤应立即用水冲洗，也可用乙醇或 2% $Na_2S_2O_3$ 洗涤。溶液洗至伤口呈白色，然后涂甘油加以按摩。如果眼睛被溴蒸气刺激，暂时不能睁开眼睛时，可以对着盛有氯仿或乙醇的瓶内注视片刻加以缓解。

（4）烫伤　皮肤接触高温（火焰、蒸气）、低温（液氮、干冰等）都会造成烫伤，轻伤者涂甘油、玉树油后速送医院治疗。

1.3　实验室三废处理

在化学实验中会产生各种有毒的废气、废液和废渣，这些废弃物又称为"三废"。"三废"不仅污染周围空气、水源和环境，造成公害，而且其中的贵重和有用化学成分未能回收，在经济上也会造成损失。例如：SO_2、NO_2、Cl_2、HCl 等气体对人的呼吸道有强烈的刺激作用，对动植物也有伤害作用；As、Pb、Hg 等化合物进入人体后，不易分解和排泄，长期积累会引起胃痛、皮下出血、肾功能衰竭等；氯仿、四氯化碳等能够导致肝癌；多环芳烃能够导致膀胱癌和皮肤癌；某些铬的化合物触及皮肤破伤处会引起溃烂不止等。因此，在化学实验室里进行三废处理对于实验人员的身体健康、保护环境具有很重要的意义。

1.3.1　实验室的废气

实验室中凡可能产生有害废气的操作都应在有通风装置的条件下进行，并尽量安装气体吸收装置来吸收这些气体。如加热酸、碱溶液及产生少量有毒气体的实验等应在通风橱中进行。汞的操作室必须有良好的全室通风装置，其抽风口通常在墙的下部。实验室若排放毒性大且较多的气体，可参考工业上废气处理的办法，在排放废气之前，采用吸附、吸收、氧化、分解等方法进行预处理。常用的废气处理方法有以下两种。

（1）溶液吸收法　溶液吸收法是指采用适当的液体吸收剂处理气体混合物，除去其中的有害气体的方法。常用的液体吸收剂有水、酸性溶液、碱性溶液、氧化剂溶液和有机溶剂，它们可用于吸收含有 SO_2、N_xO_y、HCl、Cl_2、NH_3、HCN、汞蒸气、酸雾或含有有机物蒸气的废气。

（2）固体吸收法　固体吸收法是将废气与固体吸收剂接触，废气中的污染物吸附在固体表面即被分离出来。它主要用于废气中低浓度的污染物的净化。

1.3.2　实验室的废液

化学实验室产生的废弃物很多，但以废溶液为主。实验室产生的废溶液种类繁多，组成变化大，应根据溶液的性质分别处理。

（1）酸性废液　不能直接倒入水槽中，以防腐蚀管道。废酸液可先用耐酸塑料网纱或玻璃纤维过滤，滤液用适当浓度的碳酸钠或氢氧化钙水溶液中和至 pH 为 6~8 后，再浓缩处理。

（2）碱性废液　如氢氧化钠、氨水用适当浓度的盐酸溶液中和后，再浓缩处理。

（3）废洗液　可用高锰酸钾氧化法使其再生后使用。少量的废洗液可加废碱液或石灰使其生成 $Cr(OH)_3$ 沉淀，回收处理。

（4）含有害无机物或有机物的废液　可通过化学反应将其氧化或还原，转化成无害的新物质或容易从水中分离除去的形态。常用的还原剂主要有 $FeSO_4$、Na_2SO_3 等，用于还原 Cr(Ⅵ)。此外，还有某些金属，如铁屑、铜屑、锌粒等，可用于除去废水中的汞。对含有有机物的废液还可用与水不相溶但对污染物有良好溶解性的萃取剂加入废水中，充分混合，以提取污染物，从而达到净化废水的目的。例如，含酚废水就可采用二甲苯作为萃取剂。

（5）剧毒的氰化物　少量的含氰废液可先加 NaOH 调至 pH>10，再加入几克高锰酸钾使 CN^- 氧化分解。大量的含氰废液可用碱性氯化法处理，即先用碱调至 pH>10，再加入次氯酸钠，使 CN^- 氧化成氰酸盐，并进一步分解为 CO_2 和 N_2。

（6）含汞盐的废液　先调 pH 至 8~10，然后加入过量的 Na_2S，使其生成 HgS 沉淀，并加 $FeSO_4$ 与过量 S^{2-} 生成 FeS 沉淀，从而吸附 HgS 共沉淀下来，再浓缩处理。

（7）含重金属离子（如镉、铜、铅、镍、铬离子等）、碱土金属离子（如钙、镁离子）及某些非金属离子（如砷、硫、硼离子等）的废物　最有效和最经济的方法是加碱或加 Na_2S 把重金属离子变成难溶性的氢氧化物或硫化物而沉淀下来，过滤后，残渣再作进一步处理。

1.3.3　实验室的废渣

实验室产生的有害固体废渣虽然不多，但绝不能将其与生活垃圾混倒。固体废弃物经回收、提取有用物质后，其残渣仍是多种污染物的存在状态，此时方可对它做最终的安全处理。有毒的废渣必须经过化学处理后深埋在指定地点，以免有毒的物质溶于地下水而混入饮用水中。无毒废渣可以直接掩埋，掩埋地点应做记录。常用的固体废渣处理方法有两种。

（1）化学稳定法　对少量（如放射性废弃物等）高危险性物质，可将其通过物理或化学的方法进行（玻璃、水泥、岩石的）固化，再进行深地填埋。

（2）土地填埋　这是固体废弃物最终处置的主要方法。要求被填埋的废弃物应是惰性物质或经微生物分解成为无害物质。填埋场地应远离水源，场地底层不透水、不能穿入地下水层。

1.4　化学试剂分类和使用

化学试剂的种类很多，其分类和分级标准也不尽一致。我国化学试剂以国家标准为主，根据试剂的纯度和杂质含量，将试剂划分为四个等级，其规格和适用范围见表1-2。

表1-2　化学试剂的分类

等级	名次	英文名称	符号	适用范围	标签颜色
一级	优级纯	Guaranteed Reagent	GR	精密分析和科学研究	绿色
二级	分析纯	Analytical Reagent	AR	一般分析和科学研究	红色
三级	化学纯	Chemically Pure	CP	一般化学实验	蓝色
四级	实验试剂	Laboratorial Reagent	LR	实验辅助试剂	棕色

除了上述四个级别外，还有基准试剂、光谱纯试剂、色谱纯试剂。

（1）基准试剂　可直接配制标准溶液的化学物质，也可用于标定其他非基准物质的标准溶液。一般常用的基准试剂有：金属铜、金属锌、三氧化二砷、草酸、氨基磺酸、碘酸钾、重铬酸钾、邻苯二甲酸氢钾、氟化钠、氯化钠、碳酸钠、草酸钠、硝酸银等。

（2）光谱纯试剂　通常是指经发射光谱法分析过的、纯度较高的试剂。光谱纯试剂是以光谱分析时出现的干扰谱线的数目及强度来衡量的，即其杂质含量用光谱分析法已测不出或杂质含量低于某一限度标准。

（3）色谱纯试剂　色谱纯试剂是指进行色谱分析时使用的标准试剂，在色谱条件下只出现指定化合物的峰，不出现杂质峰。色谱纯试剂对试剂的纯度要求非常高，除要求含量高以外，还对微尘、水分都有很高的要求，属于高纯试剂的范畴。

1.5　实验室用水

1.5.1　实验室常见水的种类

实验室用水分为自来水、蒸馏水、去离子水、超纯水等。

（1）蒸馏水　将自来水在蒸馏装置中加热汽化，再将水蒸气冷却，即得到蒸馏水。蒸馏分单蒸馏和重蒸馏。在天然水或自来水未污染的情况下，单蒸馏水就能接近纯水的纯度指标，但很难排除二氧化碳的溶入。为使单蒸馏水达到纯度指标，必须通过二次蒸馏，又称重蒸馏。一般情况下，经过二次蒸馏，能除去单蒸馏水中的杂质，在一周时间内能保持纯水的纯度指标不变。

（2）去离子水　应用离子交换树脂可去除水中的阴离子和阳离子，也能除去原水中绝大部分盐、碱和游离酸，但不能完全除去有机物和非电解质，因此最好利用市售的普通蒸馏水或电渗水替代原水，进行离子交换处理而制备去离子水。但因有机物无法去掉，TOC（总有机碳）和 COD（化学需氧量）值往往比原水还高。去离子水存放后也容易引起细菌的繁殖。

（3）超纯水　其标准是水电阻率为 18.2MΩ·cm。但超纯水在 TOC、细菌、内毒素等指标方面并不相同，要根据实验的要求来确定，如细胞培养用水对细菌和内毒素有要求，而 HPLC（高效液相色谱）分析用水则要求 TOC 低。

在使用实验室常见水时应注意如下事项。

① 节约用水，按需求量取用。

② 根据实验所需水的质量要求选择合适的水。洗刷玻璃器皿应先使用自来水，最后用去离子水冲洗；色谱、质谱及生物实验（包括缓冲液配置、水栽培、微生物培养基制备、色谱及质谱流动相等）应选用超纯水。

③ 超纯水和去离子水都不要存储，随用随取。若长期不用，在重新启用之前，要打开取水开关，使超纯水或去离子水流出约几分钟时间后再接用。

1.5.2　实验室用水级别及主要指标

实验室用水的级别及主要指标如表 1-3 所示。

表 1-3　实验室用水的级别及主要指标（GB 6682—1992）

指　标　名　称	一　级	二　级	三　级
pH 范围(25℃)	—	—	5.0～7.5
电导率(25℃)/ mS·m^{-1}	≤0.01	≤0.10	≤0.50
可氧化物质(以氧计)/ mg·cm^{-3}	—	<0.08	<0.40
蒸发残渣(1052℃)/ mg·cm^{-3}	—	≤1.0	≤2.0
吸光度(254nm,1cm 光程)	≤0.001	≤0.01	
可溶性硅(以 SiO$_2$ 计)/ mg·cm^{-3}	<0.01	<0.02	

注：1. 由于在一级水、二级水的纯度下，难于测定其真实的 pH。因此，对其 pH 范围不做规定。

2. 由于在一级水的纯度下，难于测定其可氧化物质和蒸发残渣。因此，对其限量不做规定，可用其他条件和制备方法来保证一级水的质量

一级水用于有严格要求的分析实验，包括对悬浮颗粒有要求的实验，如高效液相色谱分析用水。一级水可用二级水经过石英设备蒸馏或离子混合交换柱处理后，再用 0.2nm 微孔滤膜过滤来制取。

二级水用于无机痕量分析等实验，如原子吸收光谱分析用水。二级水可通过多次蒸馏或离子交换等制得。

三级水用于一般化学分析实验。三级水可通过蒸馏或离子交换的方法制得。

1.6 实验预习、记录和实验报告

实验报告的格式应随实验内容、实验类型的不同有所不同。不管何种类型的实验报告都应具备条理清楚、语言简练、表述准确等特点。特别需要指出的是一定要尊重实验事实，绝不能想象杜撰，随意编造。

下面提供几种实验报告的格式，供同学们参考。

无机制备实验报告

课程_____ 实验名称_____ 指导教师_____

院（系）_____ 姓名_____ 同组人员_____ 日期_____

一、实验目的

1. 学习复盐硫酸亚铁铵的制备方法。

2. 练习水浴加热、溶解、过滤、蒸发、结晶等基本操作。

二、实验原理

铁屑易溶于稀硫酸中，生成硫酸亚铁，硫酸亚铁与等物质的量（摩尔）的硫酸铵在水溶液中相互作用即可生成复盐硫酸亚铁铵。在制备过程中，为了使 Fe^{2+} 不被氧化和水解，溶液需保持足够的酸度。

$$Fe + H_2SO_4 \longrightarrow FeSO_4 + H_2 \uparrow$$

$$FeSO_4 + (NH_4)_2SO_4 + 6H_2O \longrightarrow (NH_4)_2Fe(SO_4)_2 \cdot 6H_2O$$

三、实验步骤

1. 铁屑净化

| 3g 铁屑 | → | 加入 15mL 10% Na_2CO_3，加热 10min，用水洗净 |

2. 硫酸亚铁的制备

| 洗净铁屑 | → | 先后加 15mL，1mL 的 3mol·L^{-1} H_2SO_4，水浴加热 | → | 抽滤 → 留滤液，残渣称量 _____g |

3. 硫酸亚铁铵的制备

| $(NH_4)_2SO_4$ 的质量 ____ g 用 0.2mol·L^{-1} H_2SO_4 配成 70℃ 饱和溶液 | → | $(NH_4)_2SO_4$ 的质量 _____ g | 水浴加热浓缩 | 抽滤 晶体称量 _____g |

四、实验结果及计算

1. 产量_____ 产率_____

2. 产品纯度检验

检验项目	Fe^{2+}
标准色阶配制方法	用标准 Fe^{2+} 溶液与 KSCN 反应生成血红色溶液的方法配成不同的色阶，Ⅰ级含 Fe^{2+} 0.05mg；
产品溶液的配制方法	
产品级别	

五、问题和讨论

（略）

指导教师签名　　　年　月　日

无机与分析测定实验报告

课程＿＿＿＿＿＿＿ 实验名称＿＿＿＿＿＿＿ 指导教师＿＿＿＿＿＿＿

院（系）＿＿＿＿＿＿ 姓名＿＿＿＿＿＿ 同组人员＿＿＿＿＿＿＿ 日期＿＿＿＿＿＿＿

一、实验目的
学习混合碱中总碱量的测定方法。
二、实验原理
以酚酞和甲基橙为指示剂,用盐酸标准溶液滴定,消耗盐酸的体积分别为和 V_1 和 V_2 ,根据 V_1 和 V_2 的大小确定混合碱的组成;以甲基橙为指示剂,消耗盐酸的总体积计算其总碱量。
三、实验步骤
3.1　盐酸标准溶液的配制
（略）
3.2　盐酸标准溶液的标定
（略）
四、数据记录与计算（见下表）

（1）HCl 标准溶液的标定

用 Na_2CO_3 作基准物标定 HCl 溶液的浓度

滴定序数	Ⅰ	Ⅱ	Ⅲ	Ⅳ
Na_2CO_3 ＋称量瓶	$m_1=$	$m_2=$	$m_3=$	
	$m_2=$	$m_3=$	$m_4=$	
Na_2CO_3 质量	$m=$	$m=$	$m=$	
终读数 初读数 消耗 V （HCl）				
c （HCl）				
$\bar{c}$ （HCl）				
绝对偏差 d				
平均偏差 $\bar{d}$				
相对平均偏差 $\bar{d}/\bar{x}$				

（2）混合碱中总碱量的测定

滴定序数	Ⅰ	Ⅱ	Ⅲ	Ⅳ
终读数 初读数 消耗 V （HCl）				
$\bar{V}$ （HCl）				
NaOH 含量/g·L^{-1}				

有机合成实验报告

课程＿＿＿＿＿＿＿ 实验名称＿＿＿＿＿＿ 指导教师＿＿＿＿＿＿＿

院（系）＿＿＿＿＿＿ 姓名＿＿＿＿＿＿ 同组人员＿＿＿＿＿＿ 日期＿＿＿＿＿＿

一、实验目的与要求

1. 学习以浓磷酸催化环己醇脱水制取环己烯的原理和方法。

2. 初步掌握分馏的基本操作。

3. 掌握分液漏斗的使用、有机液体的干燥及蒸馏等基本操作。

二、实验原理

醇在酸催化下发生分子内脱水生成烯烃：

$$\text{（环己醇）} \xrightarrow{H_3PO_4} \text{（环己烯）} + H_2O$$

三、主要试剂及产物的物理常数

化合物名称	分子量	形状	折射率	相对密度	熔点	沸点	溶解度/g·(100mL 溶剂)$^{-1}$ 水	醇	醚
环己醇	100.16	无色晶体	1.465	0.964	24	161	3.6	溶	溶
环己烯	82.14	无色液体	1.4465	0.8098	−80	83	不溶	溶	溶

四、主要试剂用量和规格

环己醇 10g，浓磷酸 4mL，氯化钠 1g，5％碳酸钠 4mL，无水氯化钙

（试剂均为分析纯）

五、实验步骤及实验现象

实验步骤	实验现象
在 50mL 干燥的圆底烧瓶中，加入 10g 环己醇，4mL 浓磷酸和几粒沸石，充分振摇使之混合。如图安装分馏装置。用 50mL 锥形瓶作为接收器，置于冰水浴中。 用电热套慢慢加热至反应混合物沸腾，控制分馏柱顶部馏出温度不超过 90℃，慢慢地蒸出生成的环己烯和水。当烧瓶中只剩下很少量的残渣并出现阵阵白雾时，停止加热。	化合物为均相 馏出物带油珠，逐渐分为两层，烧瓶中出现阵阵白雾，停止加热，全部蒸馏时间 50min，分馏柱顶部馏出温度最高 88℃。

六、后处理

实验步骤	实验现象
将馏出液用 1g 氯化钠饱和，然后加入 4mL5％碳酸钠溶液，将此液体倒入小分液漏斗中，振摇后静置分层。放出下层的水层，上层的粗产品转入干燥的小锥形瓶中，用无水氯化钙干燥。 将干燥后的粗环己烯滤入蒸馏烧瓶中，进行蒸馏。用一已称重的干燥的小锥形瓶收集 80～85℃的馏分。	加入 1g 氯化钠未全溶，加入碳酸钠溶液，振摇后氯化钠全溶，溶液浑浊，在分液漏斗中静置分层，上层清澈，下层略浑浊。 蒸馏收集 81～83℃的馏分，为无色透明液体。 瓶重：24.60g 瓶重＋产物：29.20g 产物重：4.60g

七、实验装置图

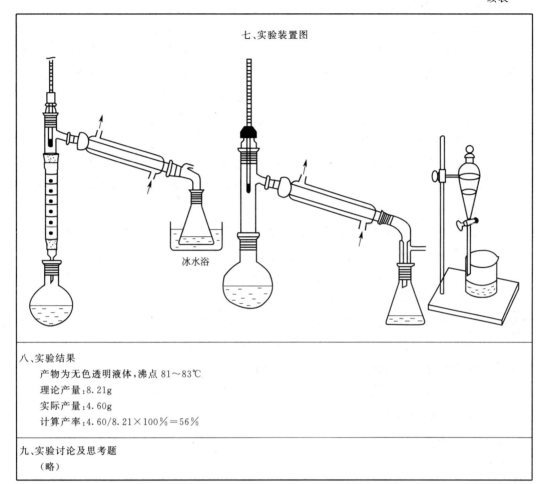

冰水浴

八、实验结果

 产物为无色透明液体,沸点 81～83℃
 理论产量:8.21g
 实际产量:4.60g
 计算产率:4.60/8.21×100％＝56％

九、实验讨论及思考题

 (略)

1.7 实验误差与数据处理

  定量分析的目的是通过一系列的分析步骤,来获得被测组分的准确含量。但是,在试剂测量过程中,即使采用最可靠的分析方法,使用最精密的分析仪器,最精细的测量过程,由技术最娴熟的分析人员测定也不可能得到绝对准确的结果。由同一个人,在同样的条件下对同一个样品进行多次测定,所得结果也不尽相同。这充分说明,绝对准确是没有的,误差是客观存在的。所以,我们要了解分析过程中误差产生的原因及出现的规律,以便采取相应措施减小误差,并进行科学的归纳、取舍、处理,使测定结果尽量接近客观真实值。

1.7.1 误差的分类

  在实验测定中,会因各种原因导致误差的产生。根据误差的来源和性质,可以分为系统误差、偶然误差及过失误差三类。

1.7.1.1　系统误差

系统误差是指在一定实验条件下，由于某个或某些经常性的因素按某些确定的规律起作用而形成的误差。系统误差的大小、正负在同一实验中是固定的，会使测定结果整体偏高或整体偏低，其大小、正负往往可以测定出来。其突出特点是：单向性（它对分析结果的影响比较固定，可使测定结果整体偏高或偏低）；重现性（当重复测定时，它会重复出现）；可测性（一般来说产生系统误差的具体原因都是可以找到的）。

产生系统误差的主要原因有以下几个方面。

（1）方法误差　是由分析方法本身不够完善或有缺陷而造成的。如：滴定分析中所选用指示剂的变色点和化学计量点不相符；分析中干扰离子的影响未消除；重量分析中沉淀的溶解损失而产生的误差。

（2）仪器误差　由仪器本身不够精确或没有调整到最佳工作状态所造成的误差。如：天平两臂不等、滴定管刻度不准、砝码未经校正等。

（3）试剂误差　由于试剂不纯或者所用的去离子水不合规格，引入微量的待测组分或对测定有干扰的杂质而造成的误差。

（4）主观误差（或操作误差）　由操作人员一些习惯上的主观原因造成的。如：终点颜色的判断，有人偏深，有人偏浅。重复滴定时，有人总想第二份滴定结果与前一份相吻合。在判断终点或读数时，就不自觉地受这种"先入为主"的影响。

系统误差可以用空白试验、对照试验、校正仪器等方法减少或消除。

1.7.1.2　偶然误差

它是由某些无法控制和避免的偶然因素造成的。它的特点：大小和方向都不固定，也无法测量或校正。

如：测定时环境温度、湿度、气压的微小波动，仪器性能的微小变化，或个人一时的辨别差异而使读数不一致等。又如：天平和滴定管最后一位读数的不确定性。

因此，在消除了系统误差后，偶然误差可以用多次测量的结果取算术平均值的方法减少或消除。在一般的化学分析中，通常要求平行测定3～5次。

系统误差和偶然误差都是指在正常操作的情况下所产生的误差。

1.7.1.3　过失误差

在测定过程中，由于操作者粗心大意或不按操作规程办事而造成的测定过程中溶液的溅失、加错试剂、看错刻度、记录错误以及仪器测量参数设置错误等不应有的失误，都属于过失误差。过失误差会对计量或测定结果带来严重影响，必须避免。如果证实操作中有过失，则所得结果应予删除。为此，在实验中必须严格遵守操作规程，一丝不苟，耐心细致，养成良好的实验习惯。

1.7.2　误差与准确度

准确度是指在一定条件下，多次测定的平均值与真实值的接近程度。分析结果准确度的高低可以用误差来衡量。误差越小，说明测定的准确度越高。

误差可以用绝对误差和相对误差来表示。

1.7.2.1 绝对误差

实验测得的数值 x 与真实值 x_T 之间的差值称为绝对误差，即：

$$绝对误差(E) = 测量值(x) - 真实值(x_T)$$

1.7.2.2 相对误差

相对误差表示绝对误差在真实值中所占的百分率，即：

$$相对误差(E_r) = 绝对误差(E) \div 真实值(x_T) \times 100\%$$

例如：用分析天平测得某物质的质量为 2.1750g，其真实值为 2.1751g，则

$$绝对误差 = 2.1750g - 2.1751g = -0.0001g$$

$$相对误差 = -0.0001 \div 2.1751 \times 100\% = -0.005\%$$

绝对误差有正负之分，正值表示测量值较真实值偏高，负值表示测量值较真实值偏低。相对误差表示误差在测量结果中所占的百分率，测量结果的准确度常用相对误差来表示。但真实值往往是未知的，在实际工作中，常用精密度来评价测量的结果。

1.7.3 偏差与精密度

精密度是指在同一条件下，对同一样品进行多次重复测定时各测定值之间相互接近的程度。测定结果精密度的高低可以用偏差来衡量，偏差越小，说明测定结果的精密度越高。

偏差又称为表观误差，是指各次测定值与测定的算术平均值之差。在不知道真实值的情况下，可以用偏差的大小来衡量测定结果的好坏。

（1）绝对偏差是指一次测量值与算术平均值的差异。即：

算术平均值：

$$\bar{x} = \frac{x_1 + x_2 + x_3 + \cdots + x_n}{n}$$

（2）相对偏差是指一次测量的绝对偏差占平均值的百分比。即：

$$\frac{d}{\bar{x}} = \frac{x - \bar{x}}{\bar{x}} \times 100\%$$

（3）平均偏差表示多次测量的总体偏离程度，可以用 $\bar{d}$ 表示平均偏差。平均偏差没有正负号。即：

$$\bar{d} = \frac{|d_1| + |d_2| + |d_3| + \cdots + |d_n|}{n} \quad 其中 d_i = x_i - \bar{x}$$

（4）相对平均偏差表示平均偏差占平均值的百分数，即：$\dfrac{\bar{d}}{\bar{x}} \times 100\%$

（5）当测定次数有限时，标准偏差常用下式表示，即：$S = \sqrt{\dfrac{\sum(X_i - \bar{X})^2}{n-1}} = \sqrt{\dfrac{\sum d_i^2}{n-1}}$。标准偏差是表示精密度的较好方法。

（6）极差是一组测量数据中最大值和最小值之差，即：$R = X_{最大} - X_{最小}$。

极差可衡量一组数据的分散性。该方法简单、直观，是实验中常用的精密度的表示方法，但比较粗略。

1.7.4　准确度和精密度的关系

准确度可以用误差的大小来衡量。而误差的大小与系统误差和偶然误差都有关系，它反映了测定的正确性。精密度可以用偏差大小来衡量。偏差的大小仅与偶然误差有关，而与系统误差无关。因此，偏差的大小不能反映测定值与真实值之间相符合的程度，它反映的只是测定的重现性。

评价实验结果的优劣，要从准确度与精密度两个方面来衡量。若测定值与平均值相差不大，则是一个精密的测定，一个精密的测定不一定是一个准确的测定。而一个准确的测定必然是精密的测定，精密度是保证准确度的先决条件。精密度差，所测结果不可靠，就失去了衡量准确度的前提。高的精密度不一定能保证高的准确度。有时还必须进行系统误差的校正，才可能得到高的准确度。

1.7.5　有效数字

（1）数字的修约　在处理数据过程中，涉及各测量值的有效数字位数可能不同，因此需要按照下面所述的运算规则，确定各测量值的有效数字位数。各测量值的有效数字位数确定以后，就要将它后面多余的数字舍弃。舍弃多余数字的过程称为"数字的修约"。目前，一般采用"四舍六入五成双"规则。具体规定为：当测量值中被修约的数字等于或小于4，该数字舍弃；等于或大于6时，进位；等于5时，若5后面跟非零的数字，进位；若恰好是5或5后面跟零时，按留双的原则，5前面数字是奇数，进位；5前面的数字是偶数，该数字舍弃。

根据这一规则，2.1424、2.2156、3.6235、5.6245等修约成四位有效数字时，应分别为2.142、2.216、3.624、5.624。

（2）有效数字的运算规则　加减法运算　当测定结果是几个数据相加或相减时，有效数字的保留应以这几个数据中小数点位数最少的数字为依据，即绝对误差最大的那个数据。

如：0.0121＋25.64＋1.05782＝？

由于每个数据中的最后一位数都是可疑的，其中以25.64的绝对误差最大，在加合的结果中总的绝对误差值取决于该数，故有效数字位数应根据它来修约。

即修约为：0.01＋25.64＋1.06＝26.71

乘除法运算　当测定结果是几个数据相乘或相除时，有效数字的位数应以这几个数据中相对误差最大的为依据，即根据有效数字位数最少的数来进行修约。

如：0.0325×5.103×60.06÷139.8＝？

可见，四个数据中相对误差最大、即准确度最差的是0.0325，是三位有效数字。因此，计算结果也应取三位有效数字。在进行运算前可修约成三位有效数字然后再运算，得到0.0712。如果不修约就直接进行乘除运算得到的0.07142504作为答案就不对了。这是因为 0.0712504 的相对误差为 ±0.0001%，而在本例的测量中根本没有达到如此高的准确程度。

有时在运算中为了避免修约数字间的累计给最终结果带来误差，也可以先运算后修约或修约时多保留一位数进行运算，最后再修约掉。

1.7.6 可疑值的取舍

在一组数据中，若某一数值与其他值相差较大，能否将其舍去，可用 Q 检验法来判断。这个方法是先求出该可疑值（极值）与其邻近的一个数值间的偏差，然后用全距（最大值与最小值之差）除，所得商称为 Q 值。即：

$$Q = \frac{x_i - x_{邻}}{x_n - x_1}$$

若 Q 大于或等于表 1-4 中的 Q 值，应予舍去；否则，应该保留。

表 1-4　Q 值表

测定次数 n	3	4	5	6	7	8	9	10
$Q_{0.90}$	0.94	0.76	0.64	0.56	0.51	0.47	0.44	0.41
$Q_{0.95}$	0.98	0.85	0.73	0.64	0.59	0.54	0.51	0.48
$Q_{0.99}$	0.99	0.93	0.82	0.74	0.68	0.63	0.60	0.57

此法虽有其统计正确性，比较简单可靠，但它应用到少量（3～5 次）测量结果时，只能舍去差别很大的一个数值，因此仍有可能保留一些错误数据在内。Q 检验法按下列步骤进行。

（1）将测定值（包括可疑值）由小到大排列，即 $x_1 < x_2 < \cdots < x_n$。

（2）计算 Q 值。若 x_n 为可疑值，则：$Q_{计算} = \dfrac{x_n - x_{n-1}}{x_n - x_1}$

若 x_1 为可疑值，则：$Q_{计算} = \dfrac{x_2 - x_1}{x_n - x_1}$

（3）根据测定次数 n 和所要求的置信度 P，查 Q 值表（见表 1-4）。

（4）如果 $Q_{计算} > Q_{表}$，则舍去可疑值，否则就应该保留该可疑值。

例 1-1　某一溶液浓度经 4 次测定，其结果为：0.1014mol·L^{-1}，0.1012mol·L^{-1}，0.1025mol·L^{-1}，0.1016mol·L^{-1}。其中 0.1025mol·L^{-1} 的误差较大，问是否应该舍去（$P = 90\%$）？

解：根据 Q 检验法：$x_i = 0.1025$，$x_{n-1} = 0.1016$，$x_1 = 0.1012$

$$Q_{计算} = \frac{0.1025 - 0.1016}{0.1025 - 0.1021} = 0.70 < 0.76(Q_{表})$$

因此，应该保留。

1.7.7 实验数据处理

（1）数据的计算处理

对要求不太高的实验，一般只重复两三次，如数据的精密度好，可用平均值作为结果。如非得注明结果的误差，可根据方法误差求得，或者根据所用仪器的精密度估计出来，对于要求较高的实验，往往要多次重复进行，所获得的一系列数据要经过严格处理，其具体做法是：①按统计学规则（如 Q 检验）对可疑数据进行取舍；②计算数据的平均值、平均偏差、标准偏差等；③按要求的置信度求出平均值的置信区间。

（2）数据的列表处理

这是表达实验数据最常用的方法之一。将各种实验数据列入一种设计得体、形式紧凑的表格内。可起到化繁为简的作用，有利于获得对实验结果相互比较的直观效果，有利于分析和阐明某些实验结果的规律性。设计数据表的原则是简单明了。因此，列表时注意以下几点。

① 每个表应有简明、达意、完整的名称。

② 表格的横排称为行，纵排称为列，每个变量占表格一行或一列，每一行或一列的第一栏，要写出变量的名称和量纲。

③ 表中数据应化为最简单的形式表示，公共的乘方因子应在第一栏的名称下面注明。

④ 表中数据排列要整齐，应注意有效数字的位数，小数点对齐。

⑤ 处理方法和运算公式要在表下注明。

参 考 文 献

[1] 武汉大学.分析化学（上）.第 5 版.北京：高等教育出版社，2011.

[2] 武汉大学化学与分子科学学院实验中心.无机化学实验.第 2 版.武汉：武汉大学出版社，2012.

[3] 李云雁，胡传荣.试验设计与数据处理.第 2 版.北京：化学工业出版社，2008.

第2章

化学实验基本操作

2.1　常用化学实验器皿及使用

仪器名称	规格	用途及注意事项
烧杯	玻璃质。分为硬质、软质,规格以容积(mL)表示,一般有 50mL、100mL、150mL、200mL、 400mL、 500mL、1000mL、2000mL 等	所盛反应液体不超过烧杯容积的 2/3,加热时,防液体溅出。外壁擦干,烧杯底垫石棉网,以防因受热不均而破裂
锥形瓶(磨口)	玻璃质。规格以容积(mL)表示,常见有 125mL、250mL、500mL 等	盛液不能太多,防止液体溅出。加热时应垫石棉网或置于水槽中,以防因受热不均而破裂
量筒　　量杯	规格以所能量度的最大容积(mL)表示。有 5mL、10mL、25mL、50mL、100mL、200mL、500mL、1000mL 等。上口大,下端小的称为量杯	不能加热,不能量热的和冷的液体,不能用作反应容器
试管　　离心试管	玻璃质。分硬质和软质,普通试管无刻度,以管外径(mm)×管长度(mm)表示。有 12mm×150mm、15mm×100mm、30mm×200mm 等规格;离心试管以容积(mL)表示,有 5mL、10mL、15mL等规格	普通试管可直接用火加热,硬质试管可加热到高温,加热时要用试管夹夹持,加热后不能骤冷,反应液一般不超过试管容积的 1/2,加热时不能超过 1/3,加热时要不停地沿试管轴心摇动,试管口不要对着人。离心试管不能用火直接加热,可浴热

仪器名称	规格	用途及注意事项
吸量管　移液管	玻璃质。规格以容积(mL)表示。有 1mL、2mL、5mL、10mL、25mL、50mL 等规格	用于精确移取一定体积的液体。吸量管管口上标示"吹出"或"快"字样者,使用时末端的溶液应吹出。使用前应先用少量待吸液体淋洗三次;移往接收容器时,要垂直放出溶液,且移液管底部要与接收容器内壁接触,每次放完溶液后要停留相同时间后再移开,并以蒸馏水冲洗接触位置
容量瓶	玻璃质。以容积(mL)表示,有磨口瓶塞,也有配以塑料瓶塞,有 25mL、50mL、100mL、250mL、1000mL、2000mL 等	用于配制一定体积准确浓度的溶液。不能加热,不能盛热的、冷的液体,瓶的磨口与瓶塞配套使用,不能互换
碱式滴定管　酸式滴定管	玻璃质。以容积(mL)表示。有酸式、碱式之分。酸式下端以玻璃旋塞控制流出液速度;碱式下端连接一里面装有玻璃球的乳胶管来控制流液量	量取溶液时应先排除滴定管尖端部分的气泡。不能加热以及量取热的液体,酸、碱滴定管不能互换使用。使用前用待装溶液(少量)润洗三次
(a)布氏漏斗　(b)吸滤瓶	吸滤瓶以容积(mL)表示,有 250mL、500mL、1000mL等。布氏漏斗或玻璃砂芯漏斗以容积(mL)或口径大小(mm)表示	不能用火加热。两者配套使用,用于沉淀的减压过滤。过滤时,先倒入少许溶剂或水,使滤纸在负压下与底部贴紧后再倒入待滤物
蒸发皿	瓷质,也有用玻璃、石英、金属制成的。规格以口径(mm)或容积(mL)表示	瓷质蒸发皿能耐高温,但不能骤冷;蒸发溶液时一般放在石棉网上,也可直接用火加热
泥三角　坩埚	泥三角有大小之分,用铁丝弯成,套以瓷管。坩埚以容积(mL)表示;依试样性质选用不同材料的坩埚,材质有瓷质、石英、铁、铂、镍等	坩埚直接放在泥三角上直接加热或煅烧;加热或反应完毕后应用坩埚钳取下,取下后应放置石棉网上。瓷坩埚加热后不能骤冷;泥三角铁丝断裂的不能再使用

仪器名称	规格	用途及注意事项
干燥器	玻璃质。规格以外径(mm)大小表示,分普通干燥器和真空干燥器	用侧推法开启或关闭干燥器。打开时,盖子应朝上
研钵	用瓷、玻璃、玛瑙或金属制成。规格以口径(mm)表示	不能用火加热,不能研磨易爆物质
滴管	由尖嘴玻璃管与橡皮乳胶头构成	滴管吸取少量溶液用。滴液时保持垂直,避免倾斜,尤忌倒立。管尖不可接触试管壁和其他物体,以免沾污
点滴板	瓷质或透明玻璃质,分白釉和黑釉两种。按凹穴多少分为四穴、六穴和十二穴等	用于生成少量沉淀或带色物质反应的实验,根据颜色的不同选用不同的点滴板。不能加热。不能用于含 HF 和浓碱的反应,用后要洗净
称量瓶 (a) (b)	分扁形(a)和高形(b),以外径(mm)×高(mm)表示。如 25mm×400mm、50mm×30mm	不能直接用火加热。盖与瓶配套,不能互换。要求准确称取一定量的固体样品时用
洗瓶	塑料质。规格以容积(mL)表示。一般为 250mL、500mL	用于盛装蒸馏水或去离子水,洗涤沉淀和容器时用

仪器名称	规格	用途及注意事项
药勺	由牛角、瓷或塑料制成,现多数是塑料的	取固体样品用,药勺两端各有一勺,一大一小,根据取药量的大小分别选用;取用一种药品后,必须洗净,并用滤纸屑擦干后,才能取另一种药品
滴瓶 细口瓶 广口瓶	以容积(mL)表示。有25mL、50mL、100mL、250mL、500mL、1000mL等规格	广口瓶用于盛放固体样品;细口瓶、滴瓶用于盛放液体样品;不带磨口的广口瓶可用作集气瓶;不能直接用火加热;瓶塞不要互换,不能盛放碱液,以免腐蚀塞子
表面皿	玻璃质。以口径(mm)大小表示	盖在烧杯上,防止液体进溅或用于其他用途;不能用火直接加热
(a) (b) (c) (d) 漏斗和长颈漏斗	玻璃质。以口径大小表示,分为长颈、短颈	用于过滤等操作。长颈漏斗特别适用于定量分析中的过滤操作。不能用火加热。过滤时滤纸应低于上沿~0.5cm,滤纸与内壁间不能有气泡
(a) (b) 分液漏斗	玻璃质。以容积大小和形状表示,分为球形、梨形、筒形和锥形等	用于互不相溶的液-液分离;也可用于少量气体发生器装置中加液。不能用火直接加热;漏斗塞子不能互换,活塞处不能漏液

仪器名称	规格	用途及注意事项
试管架	有木质、铝质、塑料质等,有大小不同、形状各异的多种规格	用于盛放试管
石棉网	可耐较高温度,垫在加热的玻璃仪器下,使之受热均匀	不能浸入水中,液体不能溅到石棉上

标准磨口玻璃仪器,是具有标准内磨口和外磨口的玻璃仪器。标准磨口是根据国际通用技术标准制造的,国内已经普遍生产和使用。使用时根据实验的需要选择合适的容量和口径。相同编号的磨口仪器,它们的口径是统一的,连接是紧密的,使用时可以互换,用少量的仪器可以组装多种不同的实验装置。注意:仪器使用前首先将内外磨口擦洗干净,再涂少许凡士林,然后两种仪器口与口相对转动,使口与口之间形成一层薄薄的油层,再固定好,以提高严密度。常用的标准磨口玻璃仪器口径编号见表 2-1。

表 2-1 常用标准磨口玻璃仪器口径编号

编号	10	12	14	19	24	29	34
口径(大端)/mm	10.0	12.5	14.5	18.5	24.0	29.2	34.5

2.2 玻璃仪器的洗涤与干燥

2.2.1 洗涤要求和洗涤方法

玻璃仪器的洗涤方法很多,一般来说,应根据实验的要求、污染物的性质、污染的程度来选用不同的洗涤方法。附着在仪器上的污物既有可溶性物质,也有尘土、不溶物及有机油污等。可分别采用下列方法洗涤。

(1)用毛刷刷洗 用毛刷蘸水刷洗仪器,除去仪器上附着的尘土、可溶性物质和易脱落的不溶性杂质。

(2)用去污粉、肥皂或洗涤剂洗 去污粉是由碳酸钠、白土、细砂等混合而成的。利用碳酸钠的碱性具有强的去污能力,细砂的摩擦作用,白土的吸附作用,增加了对仪器的清洗效果。先将待洗仪器用少量水润湿后,加入少量去污粉,再用毛刷擦洗,最后用自来水洗去去污粉颗粒,并用蒸馏水洗去自来水中带来的钙、镁、铁、氯等离子,每次蒸馏水的用量要少,注意节约用水(采取"少量多次"的原则)。其他合成洗涤剂也有较强的去污能力,使用方法类似于去污粉。

（3）用铬酸洗液洗　对于一些较精密或者形状特殊的玻璃仪器，如滴定管、容量瓶、移液管等，由于口小、管细，且容量准确，不宜用刷子摩擦内壁；对仪器的洁净程度要求很高的实验，其仪器也常用铬酸洗液洗。洗涤时：①先将玻璃器皿用水或洗衣粉洗一遍，尽量将器皿内的水去掉，以免冲稀洗液；②然后将洗液倒入待洗容器，反复浸润内壁，使污物溶解；③用毕将洗液（可重复使用）倒回原瓶内；④洗液瓶的瓶塞要塞紧，以防洗液吸水失效；⑤再用自来水把残留在仪器中的洗液洗去，最后用少量的蒸馏水洗三次。玷污程度严重的玻璃仪器用铬酸洗液浸泡十几分钟，再依次用自来水和蒸馏水洗涤干净。把洗液微微加热浸泡仪器效果会更好。

铬酸洗液的配制：将 $25g \, K_2Cr_2O_7$，置于烧杯中，加 $50mL$ 水溶解，然后在不断搅拌下，慢慢地加入 $450mL$ 浓硫酸，冷却后储于细口瓶中保存。该溶液呈深红褐色，具有强酸性和强氧化性，去污能力强，适用于洗涤油污及有机物。洗液有强腐蚀性，勿溅在衣服或皮肤上，如不慎把洗液洒在皮肤、衣物和桌面上，应立即用水冲洗。当洗液的颜色由深红褐色变为绿色，即重铬酸钾被还原为硫酸铬时洗涤效能会下降，应重新配制。比色皿应避免使用毛刷和铬酸洗液洗涤。

（4）用浓 HCl 洗　可用来洗涤附着在器壁上的氧化剂（如二氧化锰）、大多数不溶于水的无机物等，如灼烧过沉淀物的瓷坩埚，可先用热 HCl（1∶1）洗涤，再用洗液洗。

（5）用氢氧化钠溶液或高锰酸钾溶液洗　可以洗去油污和有机物，洗后在器壁上留下的二氧化锰沉淀可再用盐酸洗。

（6）其他洗涤方法　除上述方法外，还可根据污物的性质选用适当试剂洗涤，如 AgCl 沉淀，可用氨水洗涤；硫化物沉淀可用硝酸加盐酸洗涤。

洗涤玻璃仪器的基本要求如下所示。

① 洗净的仪器壁上不应附着不溶物、油污。仪器可被水完全湿润，将仪器倒过来时，水可顺器壁流下，不挂水珠，器壁上只留下一层薄而均匀的水膜。

② 已洗净的仪器不能用布或纸擦。因为布和纸的纤维会留在器壁上弄脏仪器。

③ 在定性、定量的实验中，由于杂质的引进会影响实验的准确性，对仪器洁净的要求比较高，洗涤完毕后应用蒸馏水润洗。但在有些情况下，如一般的无机制备或性质实验中，对仪器的洁净程度要求不高，仪器只要刷洗干净即可，可不用蒸馏水润洗，实验时应视实际情况决定洗涤的方法。

2.2.2　仪器的干燥

常用仪器可用以下方法干燥。

（1）晾干　不急用的仪器，洗净后可倒挂在干净的实验柜内（或仪器架上），任其自然干燥。

（2）烘箱烘干　洗净的玻璃仪器可以放电热干燥箱（烘箱）内烘干。放进去之前应尽量把水沥干净。放置时，应注意使仪器的口朝下（倒置后不稳的仪器则应平放）。可以在电热干燥箱的最下层放一个搪瓷盘，接从仪器上滴下来的水珠，以免水滴到电热丝上，损坏电热丝。

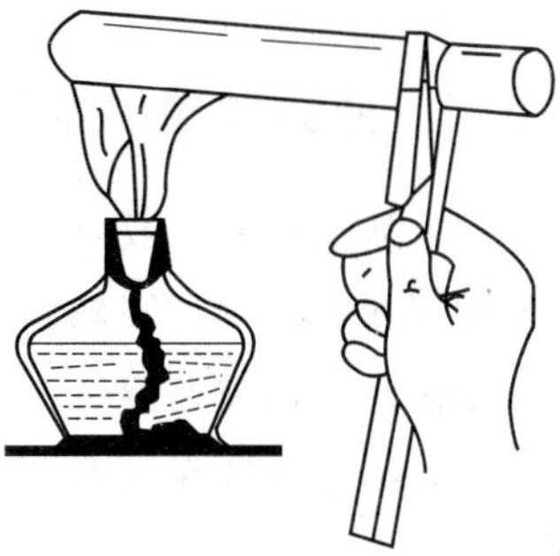

（3）烤干　一些常用的烧杯、蒸发皿等仪器可放在石棉网上，用小火烤干，试管可用试管夹夹住，如图2-1所示，在火焰上来回移动，直至烤干，但操作时必须使管口低于管底，以免水珠倒流至试管灼热部分，使试管炸裂，待烤到不见水珠后，将管口朝上赶尽水汽。

（4）气流烘干　试管、量筒等适合在气流烘干器上烘干。

图 2-1　小火烤干试管操作

（5）吹干　用压缩空气机或吹风机把仪器吹干。

（6）有机溶剂干燥　带有刻度的计量仪器，既不易晾干或吹干，又不能用加热方法进行干燥，但可用于水相溶的有机溶剂（如乙醇、丙酮等）进行干燥。方法是：往仪器内倒入少量酒精或酒精与丙酮的混合溶液（体积比1∶1），将仪器倾斜、转动，使水与有机溶剂混溶，然后倒出混合液，尽量倒干，再将仪器口向上，任有机溶剂挥发，或向仪器内吹入冷空气使挥发快些。

2.3　试剂的取用

取用试剂前，应看清标签。取用时，先打开瓶塞，将瓶塞倒放在实验台上。如果瓶塞顶不是扁平的，可用食指和中指将瓶塞夹住（或放在清洁的表面皿上），绝不可将它横置于桌上。不能用手接触化学试剂，应使用药匙根据需要取用试剂，不得多取，这样既能节约药品，又能取得好的实验结果。用完试剂后，一定要把瓶塞盖严，绝不允许将瓶塞"张冠李戴"。然后将试剂瓶放回原处，以保持实验台整齐干净。

2.3.1　固体试剂的取用

（1）要用清洁、干燥的药匙取试剂。药匙的两端为大、小两个匙，分别用于取大量固体和取少量固体。用过的药匙必须洗净晾干，存放在干净的器皿中。

（2）注意不要多取，多取的药品不能倒回原装瓶中，可放在指定的容器中以供他用。

（3）要求取用一定质量的固体试剂时，应把固体放在称量纸上称量。具有腐蚀性或易潮解的固体必须放在表面皿上或玻璃容器内称量。

（4）往试管（特别是湿试管）中加入粉状固体试剂（如二氧化锰、硫黄粉等）时，可平持试管，用药匙或纸片对折成的纸槽，将药品送入试管约2/3处，再竖立试管，轻敲药匙或纸槽，药品即可落到管底。

（5）加入块状固体时，应将试管倾斜，使其沿管壁慢慢滑下，不得垂直悬空投入，以免击破管底。

（6）固体的颗粒较大时，可在洁净且干燥的研钵中研碎后再取用。

（7）有毒的药品要在详细了解的情况下，在教师指导下取用。

2.3.2 液体试剂的取用

（1）从试剂瓶中取用试剂时，先取出瓶塞倒放于桌上，右手握住瓶子，将试剂瓶上的标签握在手心中，倾斜瓶子，让试剂沿着洁净的容器壁缓慢流入。若所用容器为烧杯，则倾注时用玻璃棒引入（如图2-2所示）。取出所需量后，应将试剂瓶口在容器上靠一下，再逐渐竖起试剂瓶，以免遗留在瓶口的液滴流到瓶的外壁。用完后立即盖上瓶盖。

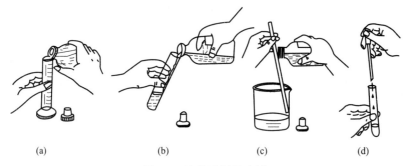

（a） （b） （c） （d）

图2-2　液体试剂的取用

（2）从滴瓶中取用少量试剂时，应提起滴管，使管口离开液面。用手指紧捏滴管上部的橡皮胶头，以赶出滴管中的空气，然后把滴管伸入试剂瓶中，放松食指，吸入试剂。再提起滴管，垂直地放在试管口或烧杯的上方将试剂逐滴滴入。滴加试剂时，滴管要垂直，以保证滴加体积的准确。滴加试剂时绝对禁止将滴管伸入试管中，滴瓶上的滴管只能专用，不能搞错。使用时，应保持橡皮胶头在上，不能平放或斜放。

（3）量筒常用于量取一定体积的液体，可根据需要选用不同容量的量筒。量取时，使视线与量筒内液面的最低处保持水平，偏高或偏低都会使读数不准而造成较大的误差。

在基础化学实验中对试剂的用量有时要求不是很准确，估量即可。用滴管取用时一般滴管滴出20～25滴为1mL。在10mL的试管中倒入约占其体积1/3的试液，即约3mL。不同的滴管，每滴的体积也不同。可用滴管将液体（如水）滴入干燥的量筒，测量滴至1mL时的滴数，即可求算出1滴液体的体积（mL）。

加入反应容器中的所有液体的总体积不超过总容量的2/3，若用试管为容器不能超过总容量的1/2。

2.4　干燥器的使用

普通干燥器如图2-3所示。上面是一个磨口边的盖子（边上涂有凡士林）；器内的底部放有无水氯化钙、变色硅胶或浓硫酸等干燥剂；干燥剂的上面放一个带孔的圆形瓷盘，以存放需干燥或保持干燥的物品。干燥器是保持物品干燥的仪器，所以凡已干燥但又易吸水或需长时间保持干燥的固体都应放在干燥器内保存。打开干燥器时，不应把盖子往上提，而应将一只手扶住干燥器，另一只手从相对的水平方向小心移动盖子即可打开，并将其斜靠在干燥器旁，谨防滑动。取出物品后，按同样方法盖严，使盖子磨口边与干燥器吻合。搬动干燥器时，必须用两手的大拇指按住盖子，以防滑落而打碎。长期存放物品或在冬天，磨口上的凡士林可能凝固而难以打开，可以用热湿的毛巾温热一下或用电吹风热风吹干燥器的边缘，使凡士林熔化再打开盖。

图 2-3　普通干燥器

2.5　加热和冷却方法

2.5.1　加热方法

（1）直接加热

使盛在容器中的物料直接从热源得到热量的加热方法，叫直接加热。实验室常用的加热器皿有试管、烧杯、烧瓶、蒸发皿、坩埚等，这些器皿能承受一定的温度但不能骤冷骤热，加热前必须将器皿外壁的水擦干。如果物料盛在玻璃容器如烧杯、烧瓶等中，则需在热源与容器之间加石棉网并不断搅拌，以保护容器。

直接加热的优点是升温快，热度高；缺点是器皿受热不均匀，温度不易控制，容器（特别是玻璃容器）容易破裂，物料也可能由于局部过热而分解。

减压蒸馏或加热低沸点和易燃物料，都不宜用直接加热。

（2）水浴加热

加热温度不超过 100℃时，可用水浴加热（图 2-4）。水浴有恒温水浴和不定温水浴。不定温水浴可用烧杯代替。使用水浴锅时应注意以下几点：①水浴锅中的存水量应保持在总体积的 2/3 左右；②受热玻璃器皿勿触及锅壁或锅底；③水浴不能当油浴、沙浴用。如果需要加热到 100℃时，可用沸水浴和蒸汽浴。

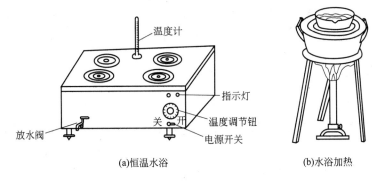

(a)恒温水浴　　　　　　　　　　(b)水浴加热

图 2-4　水浴

（3）油浴加热

加热温度在 $100 \sim 250℃$ 之间，可用油浴。容器内反应物的温度一般要比油浴温度低 20℃ 左右。常用的油类有甘油、液体石蜡、豆油、棉籽油、硬化油（如氢化棉籽油）等。甘油适用于 150℃ 以下的加热，液体石蜡则可加热到 200℃ 左右，植物油如棉籽油等加热不超过 220℃，高温会分解冒烟，或易燃烧。硬化油可加热到 250℃ 左右。

用油浴加热时，特别要注意防火。当油冒烟情况严重时，应停止加热。油浴中应悬挂温度计，随时调节火焰以控制油温。

水浴和油浴的优点是受热均匀，容易控制，比较安全。但若需要更高温度，则需要沙浴。

（4）沙浴加热

沙浴可加热到 350℃。将清洁而又干燥的细沙平铺在铁盘上，盛有液体的容器埋入沙中，容器底部的沙层要薄一点，便于容器受热，容器周围的沙要厚一点，使热不易散失。沙浴的缺点是沙对热的传导能力较差，温度分布不均匀，散热较快，不易控制。

（5）电加热套加热

电加热套可以提供 100℃ 以上的温度。它由嵌有电热线圈的纤维毯子所组成。这种毯子可以密切地贴合在烧瓶的周围，因而加热较为均匀，加热的温度由可调变压器控制。电加热套加热迅速、使用安全。但必须注意不可用来加热空烧瓶，否则会烧坏加热套。

实验室常用的电加热器有封闭式电炉、电热套、管式炉、马弗炉、微波炉。调节加热温度的高低一般可通过调节外电阻或外电压来控制。

电热套主要用于对蒸馏瓶、圆底烧瓶等加热，因其保温性能好，热效高。一般规格是与烧瓶的容积相匹配的。

（6）管式炉和马弗炉加热

管式炉和马弗炉主要用于高温加热，最高可达 $1000 \sim 12500℃$。

加热液体时，无论采用何种加热方法，如果液体中不存在空气，容器壁又光滑洁净，就很难形成汽化中心，这样，即使液体的温度超过沸点也难沸腾，会产生过热现象。过热液体一旦沸腾，大量的气泡便会剧烈冲出，此即"暴沸"。因此，在蒸馏或回流加热时，都应在液体中加入少许沸石，沸石的作用就是防止暴沸。沸石是一种多孔性材料，受热时，便会从沸石孔隙中产生一连串小气泡，形成许多汽化中心，使液体均匀沸腾。

使用沸石时应注意以下几项。

（1）先投沸石，后加液体。切忌在加热过程中添加沸石，否则会由于沸石急剧地释放出大量的气泡而引起暴沸，使液体冲出容器。

（2）一旦中途停止加热，液体就会进入沸石空隙，使其失去防止暴沸的作用，因此必须重新添加沸石。

（3）在搅拌下的加热不必加沸石，因搅拌器起到沸石的作用。一端封口的毛细管、短玻璃管、不规则的碎陶瓷片等，有时也可以代替沸石使用。

2.5.2 冷却

有的反应必须在低温下进行，有些操作需要除去过剩的热量，蒸馏时要使蒸气冷凝，重结晶要使固体溶质析出。在诸如此类的情况下，都要进行冷却操作。

除自然冷却外，最常用的冷却剂是水。将水通入冷凝管外套和把盛有反应物的容器浸在冷水中等方法，都可达到冷却的目的，但这种冷却只能将物体冷到室温。若需冷却到室温以下，则可用冰或冰水。若需冷到2℃以下，则可用食盐与碎冰的混合物。若需要更低的温度（如小于−100℃），则需使用特殊的冷却剂。冰屑和一些试剂的混合物，常可在短时间内达到很低的温度，常见的冰盐冷却剂见表2-2。

表 2-2　常见的冰盐冷却剂

盐类	100g 冰屑中加入盐的质量/g	混合物能达到的最低温度/℃
NH_4Cl	25	−15
$NaNO_3$	50	−18
$CaCl_2 \cdot 6H_2O$	100	−29
$CaCl_2 \cdot 6H_2O$	143	−55
$NaCl$	33	−21

2.6　固体物质的溶解、固液分离、蒸发（浓缩）和结晶与重结晶

在无机制备、提纯过程中，常用到溶解、过滤、蒸发（浓缩）和结晶（重结晶）等基本操作。

2.6.1　固体物质的溶解

将一种固体物质溶解于某一溶剂时，除了要考虑取用适量的溶剂外，还必须考虑温度对物质溶解度的影响。一般情况下，加热可以加速固体物质的溶解过程。用直接加热还是间接加热取决于物质的热稳定性。搅拌可以加速溶解过程。用玻璃棒搅拌时，应手持玻璃棒并转动手腕使玻璃棒在溶液中均匀地转圈子，不要用力过猛，不要使玻璃棒碰到器壁上，以免发出响声、损坏容器。如果固体颗粒太大，应预先在洁净、干燥的研钵中研细，再进行溶解。

2.6.2　固液分离

固体与液体的分离方法有三种：倾析法、过滤法、离心分离法。

（1）倾析法　当沉淀的相对密度较大或晶体的颗粒较大，静置后能很快沉降至容器的底部时，常用倾析法进行分离或洗涤。倾析法是待沉淀静置沉降后将上层清液倾入另一容器中而使沉淀与溶液分离的过程。如要洗涤沉淀时，只需向盛沉淀的容器内加入少

量洗涤液，再用倾析法，倾去清液（图 2-5）。如此反复操作两三遍，即可将沉淀洗净。

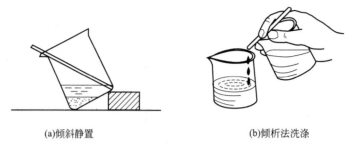

(a)倾斜静置　　　　　　　　　　　　(b)倾析法洗涤

图 2-5　沉淀分离与洗涤

（2）过滤法　过滤是最常用的分离方法之一。当沉淀和溶液经过过滤器时，沉淀留在过滤器上，溶液通过过滤器而进入接收容器中，所得溶液为滤液，而留在过滤器上的沉淀称为滤饼。

过滤时，应根据沉淀颗粒的大小、状态及溶液的性质而选用合适的过滤器和采取相应的措施。黏度小的溶液比黏度大的溶液过滤快，热的溶液比冷的溶液过滤快，减压过滤比常压过滤快。如果沉淀是胶状的，可在滤前加热破坏。

常用的过滤方法有常压过滤（普通过滤）、减压过滤和热过滤三种，常压过滤与减压过滤如下所述。

① 常压过滤

a. 滤纸的选择　实验中常用的滤纸分定性滤纸和定量滤纸两种。在质量分析中，当需将滤纸连同沉淀一起灼烧后称质量，就采用定量滤纸。在无机定性实验中常用定性滤纸。

滤纸按孔隙大小分为"快速"、"中速"和"慢速"三种；按直径大小分为 7cm、9cm、11cm 等几种。应根据沉淀的性质选择滤纸的类型，如 $BaSO_4$ 为细晶形沉淀，应选用"慢速"滤纸；NH_4MgPO_4 为粗晶形沉淀，宜选用"中速"滤纸；$Fe_2O_3 \cdot nH_2O$ 为胶状沉淀，需选用"快速"滤纸过滤。滤纸直径的大小由沉淀量的多少来决定，一般要求沉淀的总体积不得超过滤纸锥体高度的 1/3。滤纸的大小还应与漏斗的大小相对应，一般滤纸上沿应低于漏斗上沿约 0.5cm。

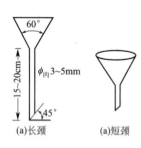

(a)长颈　　(a)短颈

图 2-6　漏斗

b. 漏斗的选择　普通漏斗大多是玻璃做的，也有搪瓷、塑料做的。分长颈和短颈两种，长颈漏斗颈长 15～20cm；颈的直径一般为 3～5mm，颈口处磨成 45°，漏斗锥体角度应为 60°。如图 2-6 所示。

c. 滤纸的折叠　先把一圆形滤纸对折两次成扇形，按一边三层一边一层展开放入漏斗中，若滤纸圆锥体与漏斗不密合，可改变滤纸折叠的角度，直至与漏斗密合为止。为了使滤纸三层的一边能紧贴漏斗，常把三层的外面一层撕去一角。如图 2-7 所示。

d. 将准备好的滤纸放进漏斗内，用手指按住滤纸中三层的一边，以少量的水润湿滤纸，使它紧贴在漏斗壁上。用玻璃棒轻压滤纸，赶走气泡，加水至边缘使之形成水柱。若不能形成完整的水柱，可一边用手指堵住漏斗下口，一边稍掀起三层那一边的滤

图 2-7   滤纸的折叠

纸，用洗瓶在滤纸和漏斗之间加水，使漏斗颈和锥体的大部分被水充满，后轻轻按下掀起的滤纸，放开堵住口的手指，即可形成水柱。将准备好的漏斗放在漏斗架上，调整漏斗架的高度，以使漏斗管末端紧靠接收器内壁，之后开始过滤操作。

　　e. 过滤时还应注意以下几点，漏斗应放在漏斗架上，要调整漏斗架的高度，以使漏斗管末端紧靠接收器内壁。先倾倒溶液，后转移沉淀，转移时使用玻璃棒。倾倒溶液时，应使玻璃棒放于三层滤纸上方，漏斗中的液面的最高高度应略低于滤纸边缘 1 cm 左右（图 2-8）。玻璃棒要放回烧杯中，不可随意放在实验台上，以免样品流失。

　　f. 沉淀完全转移到滤纸上后，用少量蒸馏水冲洗玻璃棒和盛过滤溶液的烧杯，洗涤液全部转移到漏斗中通过滤纸过滤，再用少量蒸馏水洗涤沉淀，以除去沉淀表面吸附的杂质和残留的母液。

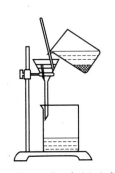

图 2-8   常压过滤（倾泻过滤溶液）

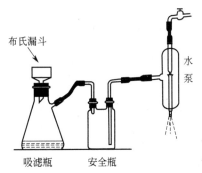

图 2-9   减压过滤装置

　　② 减压过滤   减压过滤也称为抽气过滤，其装置如图 2-9 所示，利用水泵使抽滤瓶内的压力减小，在布氏漏斗液面与抽滤瓶之间形成一个压力差，从而加快了过滤速度。安装减压过滤装置时，布氏漏斗应通过橡胶塞与抽滤瓶相连，布氏漏斗的下端斜口应正对抽滤瓶的侧管。橡胶塞与瓶口间必须紧密不漏气，抽滤瓶的侧管用橡胶管与安全瓶相连，安全瓶再与水泵侧管相连。应该注意，在连接水泵的橡胶管和抽滤瓶之间往往要安装一个安全瓶，以防止因误操作关闭水泵后压力的改变而引起水倒吸，进入抽滤瓶内将滤液污染。也正因为如此，在停止过滤时，应先打开安全瓶上的旋塞，平衡抽滤瓶内外压力，然后才关闭水泵。进行减压过滤操作时，应先放置好滤纸，滤纸要比布氏漏斗内径略小，但必须能全部覆盖漏斗的瓷孔。滤纸放置好后用同一溶剂将滤纸润湿，打开水泵并微调安全瓶上的旋塞稍微抽吸一下，使滤纸紧贴漏斗的底部。然后完全关闭安全瓶上旋塞，通过玻璃棒向漏斗内转移溶液，每次加入溶液的量不得超过漏斗容积的 2/3。洗涤滤饼时，应调小或暂停抽滤，加入洗涤剂使其与沉淀充分接触后，再调大或

打开水泵。所有溶液抽干后，继续抽滤直至滤饼抽干后再转移。滤毕，先打开安全瓶上的旋塞，然后再关闭水泵，用玻璃棒轻轻掀起滤纸边缘，取出滤纸和沉淀，滤液则由抽滤瓶上口倾出。

（3）离心分离法　当被分离的沉淀量很少时，采用一般的方法过滤后，沉淀会黏附在滤纸上，难以取下，这时可以用离心分离法，其操作简单而迅速。实验室常用手摇离心机和电动离心机两种，后者如图 2-10 所示。操作时，把盛有沉淀与溶液混合物的离心试管（或小试管），放入离心机的套管内，再在此套管的相对位置上的空套管内放一同样大小的试管，内装与混合物等体积的水，以保持转动平衡。然后缓慢而均匀地摇动（或启动）离心机，再逐渐加速，1～2min 后，停止摇动（或转动），使离心机自然停下。在任何情况下，启动离心机都不能用力过猛（或速度太快），也不能用外力强制停止，否则会使离心机损坏，而且易发生危险。试管离心时一般用中速，时间 1～2min。

图 2-10　电动离心机

由于离心作用，离心后的沉淀紧密聚集于离心试管的尖端，上方的溶液通常是澄清的，可用滴管小心地吸出上方的清液，也可将其倾出。如果沉淀需要洗涤，可以加入少量洗涤液，用玻璃棒充分搅动，再进行离心分离，如此重复操作两三遍即可。

2.6.3　蒸发（浓缩）

当溶液很稀而欲制备的无机物质的溶解度又较大时，为了能从溶液中析出该物质的晶体，就需对溶液进行蒸发（浓缩）。在无机制备、提纯实验中，蒸发（浓缩）一般在水浴上进行。若溶液很稀，物质对热的稳定性又比较好时，可先放在石棉网上用煤气灯（或酒精灯）直接加热蒸发。蒸发时应用小火，以防溶液暴沸、迸溅，然后再放在水浴上加热蒸发。常用的蒸发容器是蒸发皿，蒸发皿内所盛放的液体体积不应超过其容积的2/3。在石棉网上或直火加热前应把外壁水擦干，水分不断蒸发，溶液逐渐浓缩，当蒸发到一定程度后冷却，就可以析出晶体。蒸发（浓缩）的程度与溶质溶解度的大小和对晶粒大小的要求以及有无结晶水有关。溶质的溶解度越大，要求的晶粒越小，晶体又不含结晶水，则蒸发（浓缩）的时间要长些，蒸得要干一些。

2.6.4　结晶与重结晶

晶体从溶液中析出的过程称为结晶。结晶是提纯固态物质的重要方法之一。结晶时要求溶质的浓度达到饱和。要使溶质的浓度达到饱和程度，通常有两种方法：一种是蒸发，即通过蒸发、浓缩或汽化，减少一部分溶剂使溶液达到饱和而结晶析出，此法主要用于溶解度随温度改变而变化不大的物质（如氯化钠）；另一种是冷却法，即通过降低温度使溶液冷却达到饱和而析出晶体，此法主要用于溶解度随温度下降而明显减小的物质（如硝酸钾）。有时需将两种方法结合使用。

晶体颗粒的大小与结晶条件有关，如果溶质的溶解小，或溶液的浓度高，或溶剂的蒸发快，或溶液冷却快，析出的晶粒就细小，反之，就可得到较大的晶体颗粒。实际操作中，常根据需要，控制适宜的结晶条件，以得到大小合适的晶体颗粒。

当溶液发生过饱和现象时，可以振荡容器、用玻璃棒搅动或轻轻地摩擦器壁，或投入几粒晶种，来促使晶体析出。

当第一次得到的晶体纯度不符合要求时，可将所得的晶体溶于少量溶剂中，再进行蒸发（或冷却）、结晶、分离。如此反复操作称为重结晶。重结晶是提纯固体物质常用的重要方法之一。它适用于溶解度随温度改变而有显著变化的物质的提纯。有些物质的纯化，需经过几次重结晶才能完成。

2.7　量器及其使用

2.7.1　量筒的使用

量筒（图 2-11）是化学实验室中最常用的度量液体的仪器，它有各种不同的规格，可根据不同需要选用。例如，需要量取 8.0mL 液体时，为了提高测量的准确度，应选用 10mL 量筒（测量误差为±0.1mL），如果选用 100mL 量筒量取 8.0mL 液体体积，则至少有±1mL 的误差。读取量筒的刻度值，一定要使视线与量筒内液面（半月形弯曲面）的最低点处于同一水平线上（图 2-12），否则会增加体积的测量误差。量筒不能做反应器用，不能盛热的液体。

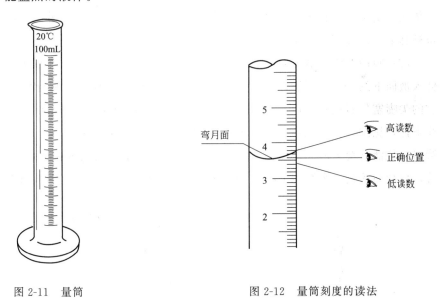

图 2-11　量筒　　　　　　　　　　图 2-12　量筒刻度的读法

2.7.2　容量瓶的使用

容量瓶在洗涤前应先检查瓶塞处是否漏水，检漏后，再将容量瓶洗净。由固体物质配制溶液时，应先在烧杯中将固体溶解，再将溶液转移到容量瓶中（图 2-13），然后用蒸馏水"少量多次"润洗烧杯，洗涤液也转移到容量瓶中。再加入蒸馏水，当瓶内溶液体积达容积的 2/3 左右时，应将容量瓶沿水平方向摇动，使溶液初步混合，然后加蒸馏水至接近标线，稍等片刻，让附在瓶颈上的水全部流入瓶内，再用滴管加水至标线，盖好瓶塞，按图 2-14 所示方法，将瓶倒转并摇动多次，使溶液混合均匀。

图 2-13　转移到容量瓶中

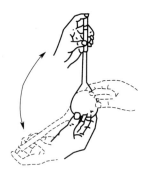

图 2-14　容量瓶的拿法

2.7.3　移液管、吸量管及其使用

要求准确地移取一定体积的液体时，可选用不同容量的移液管（或吸量管），每支移液管（或吸量管）上都标有使用温度和容量。

移液管（或吸量管）的使用方法如下所述。

（1）洗涤　在洗涤移液管前先检查它两端是否有缺损，看清刻度是否符合要求，然后依次用洗涤液、自来水、蒸馏水洗净，用滤纸将移液管下端内外的水吸去，最后用少量被移取的液体润洗三次。

（2）吸液　吸取液体时，右手拇指及中指拿住移液管上端标线以上部位，使管下端伸入液面下约 1cm（不能伸入太深或太浅）。左手拿洗耳球，先将球内空气挤出，再将它的尖嘴塞住移液管上口，慢慢放松洗耳球，管内液面随之上升，注意将移液管相应地往下伸，见图 2-15。当液体上升到标线以上时，迅速移开洗耳球，用右手的食指按住管口，移液管提离液面，垂直地拿着，稍微放松食指，或用拇指和中指轻轻转动移液管，使液面缓慢、平稳地下降，直到液体弯月面与标线相切，立即按紧管口，使液体不

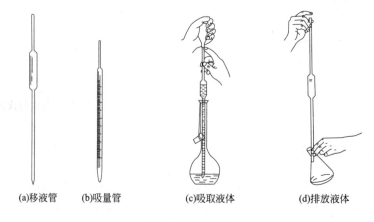

(a)移液管　　(b)吸量管　　(c)吸取液体　　(d)排放液体

图 2-15　溶液移取

再流出。如果移液管悬挂着液滴，可使移液管尖端与器壁接触，使液滴落下。

（3）放液　取出移液管，将它的尖端靠在接收容器的内壁上，让容器壁倾斜而移液管垂直，抬起食指，让液体自然顺壁流下。液体不再流出时，稍等片刻（约 15s），再将移液管拿开。若移液管上标有"吹"字，使用时需将残留在管尖的液滴吹出。还有些吸量管，分度线刻到离管尖尚差 1～2cm 处，应注意液面不能降至刻度线以下。

（4）移液管使用后，应用水洗净，放回移液管架上。

2.7.4　滴定管及滴定操作

2.7.4.1　滴定管使用前的准备

（1）酸式滴定管与碱式滴定管的使用准备

酸式滴定管，旋塞加橡皮圈；碱式滴定管加滴头（橡皮管、玻璃珠及尖嘴玻璃管，橡皮管中的玻璃珠应大小合适）。

（2）试漏

装水至零刻度线，并放置 2min，看是否漏水。对酸式滴定管，看活塞两端是否有水，2min 后，旋转活塞 180°，再看活塞两端是否有水。如果发现漏水，酸式滴定管则应该涂凡士林，碱式滴定管则应换玻璃珠或橡皮管。

（3）洗涤

① 当滴定管没有明显污染时，可直接用自来水冲洗或用没有损坏的软毛刷蘸洗涤剂水溶液刷洗（不可用去污粉）。

② 当用洗涤剂洗不干净时，可用 5～10mL 铬酸洗液润洗。对酸式滴定管，先关闭活塞，倒入洗液后，一手拿住滴定管上端无刻度部分，另一手拿住活塞下端无刻度部分，边转动边向管口倾斜，使洗液布满全管；反复转动 2～3 次。对碱式滴定管，先取下尖嘴玻璃管和橡皮管，再按酸式滴定管的洗涤方法洗涤，然后将洗液放回原烧杯中。

使用过的洗液回收到原盛洗液的试剂瓶中。沾有残余洗液的滴定管，用少量的自来水洗后倒入废液缸中，再用大量自来水冲洗，随后用蒸馏水（每次 5～10mL）润洗 3次即可使用。

（4）酸式滴定管的旋塞涂油

当滴定管旋塞转动不灵活或漏水时，旋塞应该涂油（凡士林）。先取下旋塞上的小橡皮圈，取下旋塞，用软布或软纸将旋塞擦拭干净，再用软布或软纸卷成小卷，插入旋塞槽，来回擦拭，以使内壁擦拭干净。

用手指蘸少量凡士林擦在旋塞上，沿四周各涂一薄层；使旋塞孔与滴定管平行并将旋塞插入旋塞槽中，然后向同一方向转动旋塞，直到全部透明为止（图 2-16），并套上小橡皮圈。套橡皮圈时，应该将滴定管放在台面上，一手顶住旋塞大头，一手套橡皮圈，以免旋塞顶出。

若旋塞仍转动不灵活或有纹路，表明涂油不够；若有油从缝挤出，表明涂油太多。遇到这种情况，必须重新涂油。如发现旋塞孔或出水口被凡士林堵塞，必须清除。如果

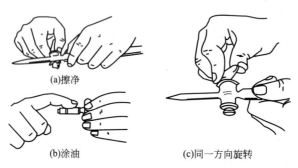

(a)擦净

(b)涂油   (c)同一方向旋转

图 2-16   酸式滴定管的旋塞涂油

旋塞孔堵塞，可以取下旋塞，用细铜丝捅出；如果是出水口堵塞，则用水充满全管，并将出水口浸入热水中，片刻后打开活塞，使管内的水突然冲下，将熔化的油带出。若这样还不能解决，则可用有机溶剂（四氯化碳）浸溶。若还不能解决，则用导线的细铜丝，如图 2-17 所示的操作，将堵塞物带出，操作应十分小心，应轻轻转动。

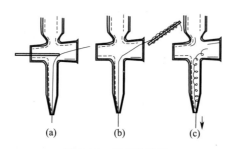

(a)   (b)   (c)

图 2-17   堵塞物清除

2.7.4.2   滴定管的使用及滴定操作

（1）操作溶液的装入

① 用操作溶液润洗   使用前，用操作溶液润洗 3 次，每次用液 5～10mL。润洗方法同洗涤液洗涤。

② 操作液的装入   摇匀操作液，一手拿住滴定管上端无刻度部分，一手拿住试剂瓶，将试剂瓶口对准滴定管上口，倾斜试剂瓶将溶液倒入滴定管中（直接加入溶液，不可借助其他器皿），直到溶液达到零刻度线上 2～3mL 为止；等待 30 s 后，打开活塞使溶液充满滴定管尖，并排除气泡，随后调至零刻度处。

（2）滴定管的读数

① 取下滴定管，用食指和拇指捏住管上端无刻度处，让滴定管自然下垂，保持垂直。使管内液面与视线处于同一水平线，然后读数。

② 读数时注意有效数字，必须读准到小数点后两位；记录时必须保留有效数字的位数，小数点后无数字时，加零。例如 24.00mL 不能记为 24mL；24.50mL 不能记为 24.5mL。

③浅色溶液读弯月面下边 ［图 2-18(a)］；深色溶液读弯月面的上边 ［图 2-18(c)］；带蓝线的滴定管，无色溶液在其中形成两个弯月面且它们相交于蓝线的某一点，读数时

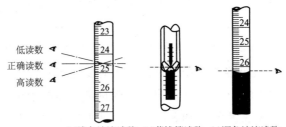

低读数
正确读数
高读数

(a)浅色溶液读数 (b)蓝线管读数 (c)深色溶液读数

图 2-18 滴定管读数

视线应与交点在同一水平线上 [图 2-18(b)]。

（3）滴定管的操作

滴定管在铁架台上的高度，以架好的滴定管的管尖离锥形瓶瓶口的距离约 2～3cm 为宜。滴定时以方便操作为准。滴定管尖一般插入锥形瓶口内 2～3cm 左右为好。用右手摇锥形瓶（朝同一方向做圆周运动）或用玻璃棒搅拌烧杯中的溶液，用左手控制酸式滴定管旋塞或碱式滴定管玻璃珠，见图 2-19；拇指、食指、中指向内扣住活塞，手心空握，不能推，应该轻轻向手心拉住；先快滴，后慢滴。近终点时的半滴溶液，轻靠锥形瓶内壁，而后用洗瓶吹洗下去。平行测定时，应该重新充满溶液，使用滴定管相同的一段。需熟练掌握逐滴滴加、加一滴、加半滴三种加液方法。

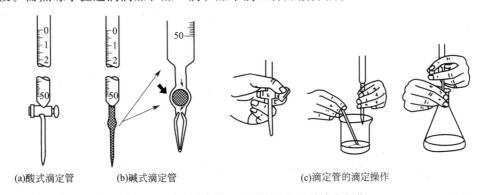

(a)酸式滴定管   (b)碱式滴定管   (c)滴定管的滴定操作

图 2-19 酸式滴定管、碱式滴定管及其滴定操作

2.8 试纸的使用

（1）试纸的种类

试纸的种类很多，实验室中常用的有石蕊试纸、pH 试纸、醋酸铅试纸和碘化钾-淀粉试纸等。

① 石蕊试纸 用于检验溶液的酸碱性，有红色石蕊试纸和蓝色石蕊试纸两种。红色石蕊试纸用于检验碱（遇碱变成蓝色），蓝色石蕊试纸用于检验酸（遇酸变成红色）。

② pH 试纸 用以检验溶液的 pH，一般有两类。一类是广泛 pH 试纸，变色范围在 pH＝1～14，用来粗略检验溶液的 pH。另一类是精密 pH 试纸，这种试纸在 pH 变

化较小时就有颜色的变化，可用来较精密地检验溶液的 pH。精密 pH 试纸有很多种，如变色范围为 2.7~4.7，3.8~5.4，5.4~7.0，6.9~8.4，8.2~10.0，9.5~13.0 等。

③ 醋酸铅试纸　用以定性地检验反应中是否有 H_2S 气体产生（即溶液中是否有 S^{2-} 存在）。试纸曾在醋酸铅溶液中浸泡过，使用时要先用蒸馏水润湿试纸。将待测溶液酸化，如有 S^{2-}，则生成 H_2S 气体逸出，遇到试纸，即溶于试纸上的水中，然后与试纸上的醋酸铅反应，生成黑色的 PbS 沉淀，使试纸呈黑褐色并有金属光泽。有时试纸颜色较浅，但一定有金属光泽。

$$Pb(Ac)_2 + H_2S \longrightarrow PbS\downarrow + 2HAc$$

若溶液中 S^{2-} 的浓度较小，用此试纸就不易检出。

这种试纸在实验室中可以自制，将滤纸条浸泡 3% 醋酸铅溶液后放在无 H_2S 气体处晾干即成。

④ 碘化钾-淀粉试纸　用以定性地检验氧化性气体（如 Cl_2、Br_2 等），试纸曾在碘化钾-淀粉溶液中浸泡过。使用时要先用蒸馏水将试纸润湿，若氧化性气体溶于试纸上的水后，可将 I^- 氧化为 I_2，其反应为：$2I^- + Cl_2 \longrightarrow I_2 + 2Cl^-$

I_2 立即与试纸上的淀粉作用，使试纸变为蓝紫色。

要注意的是，如果氧化性气体的氧化性很强且气体又很浓，则有可能将 I_2 继续氧化成 IO_3^-，而使试纸又褪色，这时不要误认为试纸没有变色，以致得出错误的结论。

碘化钾-淀粉试纸的制备：把 3g 淀粉和 25mL 水搅和，倾入 225mL 沸水中，加入 1g 碘化钾和 1g 无水碳酸钠，再用水稀释至 500mL，将滤纸条浸泡后放在无氧化性气体处晾干，即得碘化钾-淀粉试纸。

（2）试纸的使用方法

使用 pH 试纸和石蕊试纸时，将一小块试纸放在干燥清洁的点滴板或表面皿上，用蘸有待测溶液的玻璃棒点试纸的中部，试纸即被待测溶液润湿而变色。不要将待测溶液滴在试纸上，更不要将试纸泡在溶液中。pH 试纸变色后，要与标准色阶板比较，方能得出 pH 或 pH 范围。

使用醋酸铅试纸和碘化钾-淀粉试纸时，将用蒸馏水润湿的一小块试纸粘在玻璃棒的一端，然后用此玻璃棒将试纸放到管口，如有待测气体逸出则试纸变色。有时逸出气体较少，可将试纸伸进试管中，但要注意，勿使试纸接触溶液。

取出试纸后，应将装试纸的容器盖严，以免被实验室内的一些气体污染，致使试纸变质失效。

2.9　质量称量方法

常用的质量称量方法有直接称量法、固定质量称量法和递减称量法。

（1）**直接称量法**　将称量物直接放在天平上直接称量物体的质量。例如，称量小烧杯的质量，容量器皿校正中称量某容量瓶的质量，重量分析实验中称量某坩埚的质量等，都使用这种称量法。

（2）**固定质量称量法**　此法又称增量法，此法用于称量某一固定质量的试剂（如基准物质）或试样。这种称量操作的速度很慢，适于称量不易吸潮、在空气中能稳定存在的粉末状或小颗粒（最小颗粒应小于 0.1mg，以便容易调节其质量）样品。

注意：若不慎加入试剂超过指定质量，用牛角匙取出多余试剂。重复上述操作，直至试剂质量符合指定要求为止。严格要求时，取出的多余试剂应弃去，不要放回原试剂瓶中。操作时不能将试剂散落于称量容器以外的地方，称好的试剂必须定量地由表面皿等容器直接转入接收容器，此即所谓"定量转移"。

（3）**递减称量法**　又称减量法，用于称量一定质量范围的样品。在称量过程中样品易吸水、易氧化或易与 CO_2 等反应时，可选择此法。由于称取试样的质量是由两次称量之差求得，故也称差减法。

称量步骤如下：从干燥器中用纸带（或纸片）夹住称量瓶后取出称量瓶（注意：不要让手指直接触及称量瓶和瓶盖），用纸片夹住称量瓶盖柄，打开瓶盖，用牛角匙加入适量试样（一般为称一份试样量的整数倍），盖上瓶盖。称出称量瓶加试样后的准确质量。将称量瓶从天平上取出，在接收容器的上方倾斜瓶身，用称量瓶盖轻敲瓶口上部使试样慢慢落入容器中，瓶盖始终不要离开接收器上方。当倾出的试样接近所需量时，一边继续用瓶盖轻敲

图 2-20　敲击试样方法

瓶口，一边逐渐将瓶身竖直，使沾附在瓶口上的试样落回称量瓶，然后盖好瓶盖，准确称其质量。两次质量之差，即为试样的质量。按上述方法连续递减，可称量多份试样。有时一次很难得到合乎质量范围要求的试样，可重复图 2-20 称量操作 1～2 次。

2.10　萃　取

萃取和洗涤是分离、提纯有机化合物的常用操作。萃取是利用溶剂从固体或液体混合物中提取出所需要的物质，洗涤则是用来洗去混合物中的少量杂质，洗涤实际上也是一种萃取。

萃取效果与萃取剂的性质有着密切关系。选择合适萃取溶剂的原则是：要求萃取剂与原溶剂不相互溶；被萃取物在萃取剂中溶解度要大；与原溶剂及提取物不反应；沸点较低，萃取后萃取剂可用常压蒸馏回收。此外，价格便宜、毒性小、不易着火也是应考虑的因素。

经常用的溶剂有：乙醚、苯、四氯化碳、氯仿、石油醚、二氯甲烷、正己醇、乙酸乙酯等。一般而言，难溶于水的物质用石油醚等萃取；水溶性较大者可用甲苯或乙醚萃

取；水溶性极大的物质用乙酸乙酯或其他类似溶剂萃取。

2.10.1 液-液萃取

实验室中液-液萃取常用的仪器是分液漏斗。选用的分液漏斗的容积应为被萃取液体体积的2～3倍。使用前，应先用水检查分液漏斗的盖子和旋塞是否严密，如活塞处漏水，应取下旋塞，擦干后涂上凡士林或真空脂（注意不要堵塞旋塞孔），向一个方向旋转至透明。将分液漏斗架在铁圈上，在分液漏斗下面接锥形瓶，关闭下部旋塞，将被萃取液从上口倒入，再加入萃取剂（一般为被萃取溶液体积的1/3左右），总体积不得超过分液漏斗容积的3/4。塞上顶部塞子，并使塞子的缺口与上口的通气孔错开。取下分液漏斗，用右手手掌心顶紧漏斗上部的塞子，手指弯曲抓紧漏斗颈部，左手握住旋塞处，拇指压紧旋塞，将漏斗放平，前后振摇，尽量使两种互不相溶的溶液充分混合。振摇几次后，将左手抬高使漏斗尾部向上倾斜并指向无人的方向，小心旋开活塞"放气"一次，如图 2-21 所示，并重复操作。振摇时一定要及时放气，尤其是用一些低沸点溶剂（如乙醚）萃取时或用碳酸氢钠溶液萃取酸性溶液时，漏斗内部会产生很大的压力，如不及时放气，漏斗内的压力大大超过大气压，就会顶开塞子出现喷液，造成产品损失，特别严重时会造成事故。振摇结束时，打开塞子做最后一次"放气"，然后把漏斗重新放回铁圈上，并将上口塞子的缺口对准漏斗上口的通气孔，静置分层。待两层液体完全分开后，慢慢旋开下面的旋塞，放出下层液体至干燥的锥形瓶中。上层液体从上口倒出，不可从下口放出，以免被漏斗颈上残留的下层液体污染。分液时，一般可根据相对密度来判断哪一层为水层，哪一层为有机层。但有时在萃取过程中相对密度会发生变化，不好辨认，此时可在任一层中取少量液体加入水，若不分层说明取液的一层为水层，否则为有机层。特别要注意，在未确认前切不可轻易倒掉某一层溶液。经几次萃取后，合并所有的有机层，加入适当的干燥剂干燥，滤除干燥剂后蒸去溶剂。所得产品可根据其性质利用其他方法进一步纯化。

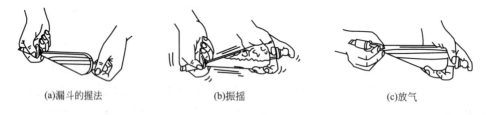

(a)漏斗的握法　　　　　(b)振摇　　　　　(c)放气

图 2-21 萃取时手持分液漏斗的方法

在萃取操作中，有时会产生乳化现象，难以分层，特别是当萃取液呈碱性时，很容易产生乳化现象。有时由于两相的相对密度接近、溶剂互溶或存在少量轻质固体，也可能使两相不能清晰地分开。此时，应认真分析原因，采取以下相应措施。

① 较长时间静置；

② 若由于溶剂与水部分互溶而发生乳化，可加入少量无机盐（如氯化钠）使

水溶液饱和，显著降低有机物在水中的溶解度，利用所谓的"盐析作用"破坏乳化，在两相相对密度相差很小时，加入氯化钠可以增大水层的密度，即可迅速分层；

③ 因萃取液呈碱性而产生乳化，可加入少量稀酸，并轻轻振摇常能使乳浊液分层。

此外，还可根据不同情况，采用加入醇类化合物改变其表面张力、加热破坏乳化等方法处理。

2.10.2 液-固萃取

从固体混合物中萃取所需要的物质是利用固体物质在溶剂中的溶解度不同来达到分离、提取的目的。通常使用长期浸出法或采用索氏（Soxhlet）提取器（又称脂肪提取器）来提取物质，如图2-22所示。前者是利用溶剂长期的浸润溶解而将固体物质中所需物质浸出来，然后用过滤的方法把萃取液和残留的固体分开。这种方法效率不高、时间长、溶剂用量大，实验室不常采用。

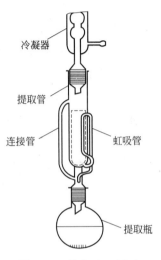

图 2-22　索氏（Soxhlet）提取器

索氏提取器是利用溶剂加热回流及虹吸原理，使固体物质连续不断地被纯的溶剂所萃取，因而效率较高并节约溶剂，但对受热易分解或变色的物质不宜采用。索氏提取器由三部分构成：上面是冷凝器，中部是带有虹吸管的提取管，下面是提取瓶。萃取前应先将固体物质研细，以增加液体浸润的面积，然后将固体物质放入滤纸套内，置于提取管中，内装物不得超过虹吸管，溶剂由上部经中部虹吸加入烧瓶中。当溶剂沸腾时，蒸气通过通气侧管上升，被冷凝管冷凝成为液体，滴入提取管中，当溶剂液面超过虹吸管的最高处时，即虹吸流回烧瓶，因而萃取出溶于溶剂部分的物质。再蒸发溶剂，如此循环多次，直到被萃取物质大部分被萃取为止。固体中可溶物质富集于烧瓶中，然后用其他方法将萃取物质从溶液中分离出来。

2.11　干　燥

干燥是指除去附在固体、或混杂在液体或气体中的少量水分，也包括除去少量溶剂。所以，干燥是最常用且十分重要的基本操作。

干燥方法可分为物理方法和化学方法，属于物理方法的有：加热、真空干燥、冷冻、分馏、共沸蒸馏及吸附等。化学方法是利用干燥剂去水。干燥剂按其去水作用可分为两类：①能与水可逆地生成水合物，如硫酸、氯化钙、硫酸钠、硫酸镁、硫酸钙等；②与水反应后生成新的化合物，如金属钠、五氧化二磷等。

2.11.1　液体有机化合物的干燥

2.11.1.1　干燥剂的选择

选择干燥剂应考虑以下条件：首先，干燥剂必须与被干燥的有机物不发生化学反应，并且易与干燥后的有机物完全分离；其次，使用干燥剂要考虑干燥剂的吸水容量和干燥效能。吸水容量是指单位质量干燥剂所吸收的水量，吸水容量愈大，干燥剂吸收水分愈多。干燥效能指达到平衡时，液体被干燥的程度，对于形成水合物的无机盐干燥剂，常用吸水后结晶水的蒸气压表示。

例如，无水硫酸钠能形成 10 个结晶水的水合物，其吸水容量为 1.25、25℃时水的蒸气压为 1.92mmHg（256Pa）。氯化钙最多能形成 6 个结晶水的水合物，吸水容量为 0.97，25℃时水的蒸气压为 0.2mmHg（27Pa）。二者相比较，硫酸钠吸水量较大，干燥效能弱；氯化钙吸水量较小但干燥效能强。所以应将干燥剂的吸水容量和干燥效能进行综合考虑。有时对含水较多的体系，常先用吸水容量大的干燥剂干燥，然后再使用干燥效能强的干燥剂。

有机化合物的常用干燥剂列于表 2-3。

表 2-3　有机化合物的常用干燥剂简介

干燥剂	性质	与水作用产物	适用范围	非适用范围	备注
$CaCl_2$	中性	$CaCl_2 \cdot H_2O$ $CaCl_2 \cdot 2H_2O$ $CaCl_2 \cdot 6H_2O$ （30℃以上失水）	烃、卤代烃、烯、酮、醚、硝基化合物、中性气体、氯化氢	醇、胺、氨、酚、酯、酸、酰胺及某些醛酮	吸水量大，作用快，效力不高，是良好的初步干燥剂，廉价，含有碱性杂质氢氧化钙
Na_2SO_4	中性	$Na_2SO_4 \cdot 7H_2O$ $Na_2SO_4 \cdot 10H_2O$ （33℃以上失水）	醇、酯、醛、酮、酸、腈、酚、酰胺、卤代烃、硝基化合物等及不能用氯化钙干燥的化合物		吸水量大，作用慢，效力低，是良好的初步干燥剂
$MgSO_4$	中性	$MgSO_4 \cdot H_2O$ $MgSO_4 \cdot 7H_2O$ （48℃以上失水）	同上		较硫酸钠作用快，效力高
$CaSO_4$	中性	$CaSO_4 \cdot 1/2H_2O$ 加热 2～3h 失水	烷、芳香烃、醚、醇、酮、醛		吸水量小，作用快，效力高，可先用吸水量大的干燥剂作初步干燥后再用
K_2CO_3	碱性	$K_2CO_3 \cdot 3/2H_2O$ $K_2CO_3 \cdot 2H_2O$	醇、酮、酯、胺、杂环等碱性化合物	酸、酚及其他酸性化合物	
H_2SO_4	（强）酸性	$H_3^+O + HSO_4^-$	脂肪烃、烷基卤化物	烯、醚、醇及弱碱性化合物	脱水效力高
KOH、NaOH	（强）碱性		胺、杂环等碱性化合物	醇、酯、醛、酮、酸、酚等酸性化合物	快速有效
Na	（强）碱性	$H_2 + NaOH$	醚、三级胺、烃中痕量水分	碱土金属或对碱敏感物、氯化烃（有爆炸危险）、醇	效力高，作用慢。需经初步干燥后才可用，干燥后需蒸馏

干燥剂	性质	与水作用产物	适用范围	非适用范围	备注
P_2O_5	酸性	H_3PO_3 H_3PO_4 $H_4P_2O_7$	醚、烃、卤代烃、腈中痕量水分,酸溶液、二硫化碳	醇、酸、胺、酮、碱性化合物、氯化氢、氟化氢	吸水效力高,干燥后需蒸馏
CaH_2	碱性	$H_2+Ca(OH)_2$	碱性、中性、弱酸性化合物	对碱敏感的化合物	效力高,作用慢,需经初步干燥后再用,干燥后需蒸馏
分子筛	中性	物理吸附	各类有机物、不饱和烃气体		快速高效,经初步干燥后再用
硅胶			(保干器)	氟化氢	

2.11.1.2　干燥剂的使用方法

以无水氯化钙干燥乙醚为例,室温下,水在乙醚中溶解度为1%～1.5%,现有100mL乙醚,估计其中含水量约1.00g。假定无水氯化钙在干燥过程中全部转变为六水合物,其吸水容量为0.97(即1.00g无水氯化钙可以吸收0.97g水),这就是说,按理论推算用1g氯化钙可将100mL乙醚中的水除净。但实际用量却远大于1。其原因是在用乙醚从水溶液中萃取分离某有机物时,乙醚层中水相不能完全分离干净;无水氯化钙在干燥过程中转变为六水合物需要较长时间,短时间往往不能达到无水氯化钙应有的干燥容量。鉴于以上主要因素,要干燥100mL含水乙醚,往往要用7～10g无水氯化钙。操作时,一般投入少量干燥剂到液体中,进行振摇,如出现干燥剂附着器壁或相互黏结时,则说明干燥剂用量不够,应再添加干燥剂;如投入干燥剂后出现水相,必须用吸管把水吸出,然后再添加新的干燥剂。

干燥前,液体呈浑浊状,经干燥后变成澄清,这可简单地作为水分基本除去的标志。

一般干燥剂的用量为每10mL液体约需0.5～1g。由于含水量不等,干燥剂质量的差异,干燥剂颗粒大小和干燥时温度不同等因素,较难规定具体用量,上述用量仅供参考。

有些溶剂的干燥不必加干燥剂,借其和水可形成共沸混合物的特点,直接进行蒸馏把水除去,如苯、甲苯、四氯化碳等。例如工业上制无水乙醇,就是利用乙醇、水和苯三者形成共沸混合物的特点,于95%乙醇中加入适量苯进行共沸蒸馏。前馏分为三元共沸混合物;当把水蒸完后,即为乙醇和苯的二元共沸混合物,无苯后,沸点升高即为无水乙醇。但该乙醇中带有微量苯,不宜用作光谱溶剂。

2.11.2　固体的干燥

从重结晶得到的固体常带水分或有机溶剂,应根据化合物的性质选择适当的方法进行干燥。

① 在空气中晾干　对热稳定性较差且不吸潮的固体有机物,或结晶中吸附有易燃和易挥发的溶剂如乙醚、石油醚、丙酮等时,应先放在空气中晾干(盖上滤纸

以防灰尘落入）。

②烘箱干燥　烘箱多用于对无机固体的干燥，特别是对干燥剂的焙烘或再生，如硅胶、氧化铝等。熔点高的不易燃有机固体也可用烘箱干燥，但必须保证其中不含易燃溶剂，而且要严格控制温度以免造成熔融或分解。

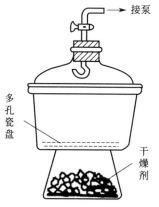

③红外线干燥　利用红外线穿透能力强的特点，使水分或溶剂从固体内部的各部分蒸发出来。其干燥较快。用红外灯干燥时需注意经常翻搅固体，这样既可加速干燥，又可避免"烤焦"。

④真空干燥箱　当被干燥的物质数量较大时，可采用真空干燥箱。其优点是使样品维持在一定的温度和负压下进行干燥，干燥量大，效率较高。

⑤干燥器干燥　对易吸湿或在较高温度干燥时会分解或变色的物质可用干燥器干燥，干燥器有普通干燥器和真空干燥器两种。

图 2-23　真空干燥器

真空干燥器如图 2-23 所示。其底部放置干燥剂，中间隔一个多孔瓷板，把待干燥的物质放在瓷板上，顶部装有带活塞的玻璃导气管，由此处连接抽气泵，使干燥器压力降低，从而提高了干燥效率。使用前必须试压，试压时用网罩或防爆布盖住干燥器，然后抽真空，关上活塞放置过夜。使用时，必须十分注意，防止干燥器炸碎时玻璃碎片飞溅而伤人。解除器内真空时，开动活塞放入空气的速度宜慢不宜快，以免吹散被干燥的物质。

2.12　简单蒸馏

2.12.1　基本原理

蒸馏是分离和纯化液态有机物质的常用方法之一。通过蒸馏还可以测定液体化合物的沸点（常量法），回收溶剂或蒸出部分溶剂以浓缩溶液等。将液体加热至沸腾，使液体成为蒸气，再使蒸气冷凝到另一容器中成为液体，这两个过程的联合操作即为蒸馏。

液体在一定温度下具有一定的饱和蒸气压，将液体加热时，它的饱和蒸气压随温度的升高而增大，当液体饱和蒸气压与外压相等时，就有大量的气泡从液体内部逸出，即液体沸腾。这时的温度就是该液体在此压力下的沸点。通常所说的液体的沸点是指在一个大气压下，即 101.325kPa（760mmHg）时液体沸腾的温度。测定沸点常用的方法有常量法（蒸馏法）和微量法（沸点管法）两种。

蒸馏时液体实际上是在一定的温度范围内沸腾，馏出液所对应的沸腾温度范围称为沸程。液体的沸点不仅与外界压力有关，而且与其组成有关。沸程的数据可反映出馏出液的纯度和杂质的性质，对于不能形成共沸点的混合液，沸程越小，馏出液越纯。在一些混合物的蒸馏中，有时由于两种或者多种物质组成共沸混合物，也有恒定的沸点。例如，95.6％的乙醇和4.4％的水组成的共沸混合物，沸点恒定在78.2℃，因此沸程较小或沸点恒定的液体不一定都是纯净的化合物。

为了消除在加热过程中的过热现象和保证沸腾的平稳进行，在加热前应加入沸石或几根一端封闭的毛细管，毛细管应有足够长度，其封闭一端应搁在蒸馏瓶的颈部，开口一端朝下，不可横躺瓶内。这些物质受热后，能放出细小的空气泡，成为液体分子的汽化中心，可以防止蒸馏过程中发生暴沸现象。这些物质叫做助沸物或防暴沸剂。如果加热后发现未加助沸物而需补加时，应使液体冷却至沸点以下后方可加入，切忌将助沸物加入已受热可能沸腾的液体中，否则会引起暴沸。若沸腾一度中止，重新加热前应放入新的助沸物，因原有的助沸物难以再形成汽化中心发挥助沸作用。

2.12.2 蒸馏装置及其安装

实验室的蒸馏装置主要包括加热汽化装置、冷凝装置和接收装置三部分。图2-24为常用的蒸馏装置，主要由蒸馏瓶、温度计、冷凝管、接引管和接收瓶组成。根据蒸馏液的体积，选择大小合适的蒸馏瓶。一般瓶内的液体量为烧瓶容积的1/3～2/3。安装应先从热源开始，由下而上，然后沿馏出液流向逐一装好。根据热源的高低，把蒸馏瓶用垫有橡胶圈或石棉布的铁夹固定在铁架台上。在蒸馏瓶的上口装上温度计，此时应注意密合而不漏气，温度计的插入深度应使水银球的上端与蒸馏烧瓶支管口的下端在同一水平线上，以保证在蒸馏时整个水银球能完全处于蒸气中，准确地反映馏出液的沸点。根据蒸馏液沸点的高低，选用合适的冷凝管，液体沸点低于140℃时用直形冷凝管，用铁夹固定在另一铁架台上，铁夹应夹在冷凝管的中间偏上部位。调整冷凝管位置使其与蒸

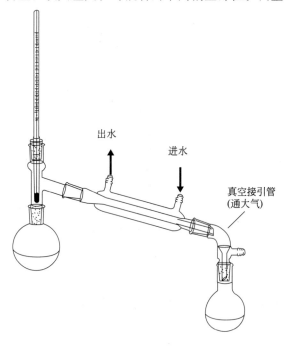

出水　　　进水

真空接引管
（通大气）

图 2-24　普通蒸馏装置（标准接口玻璃仪器）

馏瓶支管同轴，然后拧松冷凝管铁夹，将冷凝管沿轴线向斜上方拧动与蒸馏瓶支管紧密相连。冷凝水应从下口进入，上口流出，上端的出水口应朝上，以保证冷凝管套管中充满水。各铁夹不能过紧和过松，以夹住后稍用力尚能转动为宜。然后接上接引管和接收瓶，接收瓶可以是圆底烧瓶或锥形瓶，接收瓶下面需用木块等物垫牢，不可悬空。

整套装置的重心必须在同一垂直平面内。在常压蒸馏装置中，接引管末端必须有与大气相通之处，不能装成密闭体系，否则加热时由于气体体积膨胀会造成爆炸事故。

2.13 回 流

将液体加热汽化，同时将蒸气冷凝液化并使之流回原来的器皿中重新受热汽化，这样循环往复的气化-液化过程称为回流。大多数有机化学反应需要在反应体系的溶剂或液体反应物的沸点附近进行，这时就要用到回流装置，如图 2-25 所示。图 2-25（a）是可以隔绝潮气的回流装置，如不需要防潮，可以去掉球形冷凝管顶端的干燥管，若回流中无不易冷却物放出，还可把气球套在冷凝管上口，来隔绝潮气的侵入。图 2-25（b）为带有吸收反应中生成气体的回流装置，适用于回流时有水溶性气体产生的实验。图 2-25（c）是回流时可以同时滴加液体的装置。加热前应先放入沸石，根据瓶内液体的沸腾温度，可选用水浴、油浴或石棉网直接加热等方式。在条件允许的情况下，一般不采用隔石棉网直接用明火加热的方式。回流的速率应控制在液体蒸气浸润不超过两个回流球为宜。

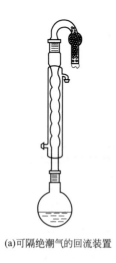 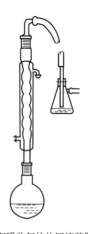 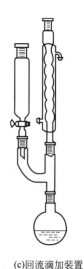

(a)可隔绝潮气的回流装置　　　　(b)带有吸收气体的回流装置　　　　(c)回流滴加装置

图 2-25　回流装置示例

2.14　重　结　晶

2.14.1　实验原理

用适当的溶剂把含有杂质的晶体物质溶解，配制成接近沸腾的浓溶液，趁热滤去不溶性杂质，使滤液冷却析出结晶，滤集晶体并作干燥处理的联合操作过程叫做重结晶。重结晶是纯化晶态物质的普适的、最常用的方法之一。它是利用溶剂对被提纯物质和杂质的溶解度不同，使杂质在热过滤时被滤除或冷却后留在母液中与结晶分离，从而达到提纯的目的。

2.14.2　实验操作

（1）选择溶剂

正确地选择溶剂是重结晶操作的关键。适宜的溶剂应具备以下条件。

① 不与待提纯的化合物起化学反应。

② 待提纯的化合物温度高时溶解度大，温度低或室温时溶解度小。

③ 对杂质的溶解度非常大（留在母液中将其分离）或非常小（通过热过滤除去）。

④ 得到较好的结晶。

⑤ 溶剂的沸点不宜过低，也不宜过高。过低，则溶解度改变不大，不易操作；过高，则晶体表面的溶剂不易除去。

⑥ 价格低，毒性小，易回收，操作安全。

选择溶剂时可查阅化学手册或文献资料中的溶解度，根据"相似相溶"原理选择。若没有充足的资料可用实验方法来确定。

（2）溶解样品

将称量好的样品放于烧杯内，加入比计算量稍少些的选定溶剂加热煮沸。若未完全溶解，可分批添加溶剂，每次均应加热煮沸，直至样品完全溶解。如果溶剂易燃，必须熄火后方能添加。如果用的是有机溶剂，需安装回流装置。在重结晶中，若要得到比较纯的产品和比较好的产率，必须十分注意溶剂的用量。溶剂的用量需从两方面考虑，既要防止溶剂过量造成溶质的损失；又要考虑到热过滤时，因溶剂的挥发、温度下降使溶液变成过饱和，造成过滤时在滤纸上析出晶体，从而影响产率。因此溶剂用量不能太多，也不能太少，一般比需要的量多15%～20%。

（3）脱色

溶液若含有带色杂质时，可加入适量活性炭脱色，一般为粗样品质量的1%～5%。活性炭可吸附色素及树脂状物质。脱色剂应在样品溶液稍冷后加入。不允许将脱色剂加到正在沸腾的溶液中去，否则将会引起暴沸甚至造成起火燃烧。脱色剂加入后可煮沸数分钟，同时将烧瓶连同铁架台一起轻轻摇动，如果是在烧杯中用水作溶剂时可用玻璃棒搅拌，以使脱色剂迅速分散开。煮沸时间过长往往脱色效果反而不好，因为在脱色剂表面存在着溶质、溶剂和杂质的吸附竞争，溶剂虽然在竞争中处于不利地位，但其数量巨大，过久的煮沸会使较多的溶剂分子被吸附，从而使脱色剂对杂质的吸附能力下降。

（4）热过滤

热过滤即趁热过滤以除去不溶性杂质、脱色剂及吸附于脱色剂上的其他杂质。

（5）冷却结晶

将上述热过滤的溶液静置，自然冷却，结晶慢慢析出。结晶的大小与冷却的温度有关，一般迅速冷却并搅拌，可以得到细小的晶体，表面积大，表面吸附杂质较多；如将热滤液慢慢冷却，析出的结晶较大，但往往有母液和杂质包在结晶内部。因此要得到纯度高、结晶好的产品，还需要摸索冷却的过程，但一般只要让热溶液静置冷却至室温即可。有时遇到放冷后也无结晶析出，可用玻璃棒在液面下摩擦器壁或投入该化合物的结晶作为晶种，促使晶体较快地析出；也可将过饱和溶液放入冰箱内较长时间，促使结晶析出。

（6）滤集晶体

析出的晶体与母液分离，常用减压过滤。

（7）干燥、称量与测定熔点

重结晶后的产品必须充分干燥，以除去吸附在晶体表面的少量溶剂。应根据所用溶剂及晶体的性质来选择干燥的方法，如自然晾干、红外灯烘干和真空恒温干燥等。

充分干燥后的结晶称其质量，测熔点，计算产率。如果纯度不符合要求，可重复上述操作，直至熔点符合为止。

2.15　升　华

2.15.1　实验原理

某些物质在固态时有较高的蒸气压，当加热时，不经过液态而直接汽化，蒸气遇冷又直接冷凝成固体，这个过程叫做升华。升华是纯化固态物质的方法之一，但由于升华要求被提纯物在其熔点温度下具有较高的蒸气压，故仅适用于纯化部分固体物质，而不是纯化固体物质的通用方法。

为了了解和控制升华的条件，首先应了解固、液、气三相平衡，如图 2-26 所示。图中曲线 ST 表示固相与气相平衡时固相的蒸气压曲线；TW 是液相与气相平衡时液体的蒸气压曲线；TV 为固相与液相的平衡曲线，三曲线相交于 T。T 为三相点，在这一温度和压力下，固、液、气三相处于平衡状态。三相点与物质的熔点相差很小，通常只有几分之一摄氏度，因此在一定的压力下，TV 曲线偏离垂直方向很小。

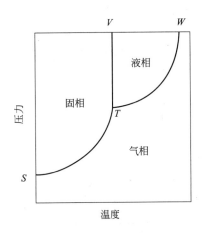

图 2-26　物质三相平衡曲线

在三相点温度以下，物质只有气、固两相。若降低温度，蒸气就不经过液态而直接变成固态；若升高温度，固态也不经过液态而直接变成蒸气，因此，一般的升华操作在三相点温度以下进行。若某物质在三相点以下的蒸气压很高，则汽化速率很大，这样就很容易从固态直接变成蒸气，而且此物质蒸气压随温度降低而下降非常显著，稍一降低温度即可由蒸气直接变成固体，则此物质在常压下比较容易用升华方法来纯化。例如，樟脑（三相点温度是 179℃，压力为 49.3kPa）在 160℃时蒸气压为 29.1kPa，即未达到熔点时已有相当高的蒸气压。因此，只要缓慢加热，使温度维持在 179℃以下，它可不经熔化而直接蒸发，蒸气遇冷即凝成固体。

有些物质在三相点温度时的蒸气压较低，例如，萘在熔点 80℃时的蒸气压只有 0.933KPa，使用一般升华方法不能得到满意的结果，这时可采用减压升华的办法，装置见图 2-27。

图 2-27　减压升华的装置

2.15.2　实验操作

最简单的常压升华装置如图 2-28 所示，将预先粉碎好的待升华物质均匀地铺放于蒸发皿中，上面覆盖一张刺有许多小孔的滤纸，然后将与蒸发皿口径相近的玻璃漏斗倒扣在滤纸上，漏斗颈口塞少许脱脂棉，以减少蒸气外逸。隔石棉网或用油浴、砂浴等缓慢加热蒸发皿，小心调节火焰，控制浴温低于升华物质的熔点，使其慢慢升华。蒸气通过滤纸孔上升，冷却后凝结在滤纸上或漏斗壁上，必要时漏斗外可用湿滤纸或湿布冷却。

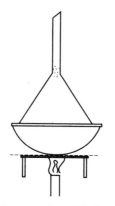

图 2-28　常压升华装置

在空气或惰性气流中进行升华的装置见图 2-29。当物质开始升华时，通入空气或惰性气体，带出的升华物质遇冷水冷却的烧瓶壁就凝结在壁上。

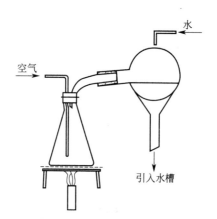

图 2-29　在空气或惰性气流中物质的升华装置

2.16　柱 色 谱

（1）基本原理　柱色谱可分为分配柱色谱和吸附柱色谱，实验室中常用的是吸附柱色谱。其原理是利用混合物中各组分在不相溶的两相（流动相和固定相）中吸附和解吸的能力不同（在两相中的分配不同），当混合物随流动相流过固定相时，发生反复多次的吸附和解吸过程，从而使混合物分离成单一的纯组分。三组分（A＋B＋C）混合物样品随洗脱时间的增加在柱色谱中分离过程如图 2-30 所示。柱

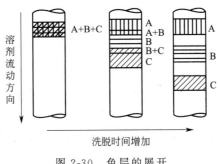

图 2-30　色层的展开

内装有固定相（氧化铝或硅胶等），将少量混合物样品溶液加入顶部，然后让流动相（洗脱剂）通过柱，移动液相带着混合物的组分下移，各组分在两相间连续不断地发生吸附、脱附、再吸附、再脱附的过程。由于不同的物质与固定相的吸附能力不同，各组分将以不同的速率沿柱下移。不易吸附的化合物比吸附力大的化合物下移得快些。

（2）吸附剂　实验室常用的吸附剂是氧化铝和硅胶。这两种吸附剂中，氧化铝的极性更大一些，是一种高活性和强吸附性的极性物质，市售氧化铝分为中性、酸性和碱性三种。酸性氧化铝是用 1% 盐酸浸泡后，用蒸馏水洗至悬浮液 pH 为 4～4.5，用于分离酸性有机物质；碱性氧化铝 pH 为 9～10，用于分离碱性有机物质，如生物碱和烃类化合物；中性氧化铝应用最为广泛，pH 为 7.5，用于分离中性有机物质，如醛、酮、酯、醌等有机物。首先应考虑选择合适的吸附剂，选用吸附剂一般满足以下要求。

① 有大的表面积和一定的吸附能力；

② 颗粒均匀，且在操作过程中不碎裂，不起化学反应；

③ 对待分离的混合物各组分有不同的吸附能力。

分离效果与吸附剂的颗粒大小有关。颗粒大小均匀、比面积大的吸附剂分离效果最佳。比表面积越大，组分在流动相和固定相之间达到平衡就越快，色带就越窄。通常使用的氧化铝颗粒粒径为 100～200 目，硅胶为 200～300 目。

（3）洗脱剂　洗脱剂一般应符合下列条件：①纯度要合格，即无论使用单一溶剂作为洗脱剂还是使用混合溶剂作为洗脱剂，其杂质的含量一定要低；②洗脱剂与样品或吸附剂不发生化学变化；③黏度小，易流动，否则洗脱太慢；④对样品各组分的溶解度有较大差别，且洗脱剂的沸点不宜太高，一般在 40～80℃ 之间。吸附剂的吸附能力与吸附剂和洗脱剂的性质有关，选择洗脱剂时还应考虑到被分离物各组分的极性和溶解度，一般说来，极性化合物用极性洗脱剂洗脱，非极性化合物用非极性洗脱剂洗脱效果好。对于组分复杂的样品，首先使用极性最小的洗脱剂，使最易脱附的组分分离，然后加入不同比例的极性溶剂配成洗脱剂，将极性较大的化合物自色谱柱洗脱下来。为了提高洗脱剂的洗脱能力，也可用混合溶剂洗脱。常用溶剂的洗脱能力按下列次序递增：石油醚、环己烷、四氯化碳、甲苯、苯、二氯甲烷、氯仿、乙醚、二氧六环、乙酸乙酯、丙酮、丙醇、乙醇、甲醇、水、吡啶、乙酸。

(4) 装柱　色谱柱是带有下旋塞或无旋塞的玻璃管，色谱柱的大小取决于分离物质的量和吸附剂的性质。一般情况下，吸附剂的量应是待分离物质量的 25～30 倍，色谱柱的直径和长度之比一般在 1∶10 至 1∶20 之间。将玻璃柱洗净干燥后，在柱子底部铺一层玻璃棉或脱脂棉，再铺一层约 0.5cm 厚的石英砂，然后将吸附剂装入柱内。装填的方法有干法和湿法两种。

干法装柱：在柱的上端放一漏斗，将吸附剂均匀装入柱内，轻敲柱子管壁，使之填装均匀，然后加入纯洗脱剂进行洗柱，反复冲洗 3～4 次，至吸附剂全部润湿并且均匀无气泡。然后，在吸附剂顶部盖一层约 0.5cm 厚的石英砂。敲打柱子，使吸附剂顶端和石英砂上层保持水平。整个过程都应有洗脱剂覆盖吸附剂。此法装柱的缺点是容易使柱中混有气泡。

湿法装柱：用洗脱剂和一定量的吸附剂调成浆状，慢慢倒入柱中。此时，应将柱的下端活塞打开，使溶剂慢慢流出，吸附剂渐渐沉于柱底，继续让溶剂流出，至柱内吸附剂快干为止；湿法装柱比干法装柱紧密、均匀。

(5) 加样、洗脱和收集　加样：样品若为液体，一般可以直接加样。样品若为固体，如果固体样品能够溶解在初始的洗脱剂中，则可以选用初始的洗脱剂将样品溶解后再沿管壁加入至柱顶部。要求样品溶液尽量体积小，浓度高，才能形成谱带狭窄的原始带，以便于分离。溶解样品的溶剂除了要求其纯度应合格，与吸附剂不起化学反应，沸点不能太高等条件外，还必须具备以下特点：①溶剂的极性比样品的极性小一些。若溶剂极性大于样品的极性，则样品不易被吸附剂吸附；②溶剂对样品的溶解度不能太大，若溶解度太大，易影响吸附。也不能太小，否则溶液体积增加，易使色谱分散。

洗脱：在洗脱过程中注意以下几点：①应连续不断地加入洗脱剂，并要求保持液面一定高度，使其产生足够的压力提供平稳的流速；②在整个操作中不能使吸附柱的表面流干，一旦流干后再加洗脱剂，易使柱中产生气泡和裂缝，影响分离；③应控制流速，一般流速不应太快，否则柱中交换来不及达到平衡，因而影响分离效果；太慢，会延长整个操作时间，而且对某些表面活性较大的吸附剂如氧化铝来说，有时会因样品在柱上停留时间过长，而使样品成分有所改变。

收集：当样品组分带有颜色时，在柱上分离的情况可直接观察出来，可根据不同色带用锥形瓶分别进行收集，然后蒸除洗脱剂得纯组分。在多数情况下化合物无颜色，一般采用多份收集，每份收集量要小。可将收集用的锥形瓶或试管编号，用薄层色谱进行监测，其方法是将收集的各锥形瓶或试管中的溶液分别进行薄层色谱操作，合并 R_f 值相同的组分，然后蒸除洗脱剂得到纯组分。

参 考 文 献

[1]　武汉大学. 分析化学（上）. 第 5 版. 北京：高等教育出版社，2011.

［2］　武汉大学化学与分子科学学院实验中心．无机化学实验．第 2 版．武汉：武汉大学出版社，2012.

［3］　北京师范大学无机化学教研室等．无机化学实验．第 3 版．北京：高等教育出版社，2001.

［4］　大连理工大学无机化学教研室．无机化学实验．第 2 版．北京：高等教育出版社，2004.

［5］　兰州大学，王清廉，李瀛，高坤等修订．有机化学实验．第 3 版．北京：高等教育出版社，2010.

［6］　曾昭琼．有机化学实验．第 3 版．北京：高等教育出版社，2000.

［7］　武汉大学化学与分子科学学院实验中心．有机化学实验．第 2 版．武汉：武汉大学出版社，2017.

第3章

常用仪器使用方法

3.1 电子分析天平

天平是实验室常用的分析仪器之一。托盘天平、半机械加码电光天平、全机械加码电光天平曾是 20 世纪实验室常用的称量工具。进入 21 世纪后，它们逐渐被电子天平替代。

3.1.1 电子天平工作原理

它利用电子装置完成电子力补偿的调节，使物体在重力场中实现力的平衡，或者通过电磁力矩的调节，使物体在重力场中实现力矩的平衡。近年来，电子天平的生产技术飞速发展，市场上出现从简单到复杂，从粗到精的各类天平，可用于基础、标准和专业等多种称量任务。

3.1.2 电子天平的特点

(1) 电子天平体积小、轻便，没有横梁、砝码等较为笨重的部件。

(2) 自动化程度高，称量结果可以直接显示、打印和存储，并且具有故障报警功能。

(3) 称量快，仅需 2 s。

(4) 有些电子天平可根据被称量物质的不同要求，具有称量范围和读数精度可变的功能。

(5) 具有自动校正功能，自动扣除空白功能。

3.1.3 电子天平使用方法

下面以 GL124-1SCN 电子天平为例，说明其基本使用方法。电子天平外形图及操作面板见图 3-1。图 3-1(a) 为中精度电子天平（$e = 0.01g$）；图 3-1(b) 为高精度电子天平（$e=0.1mg$）。

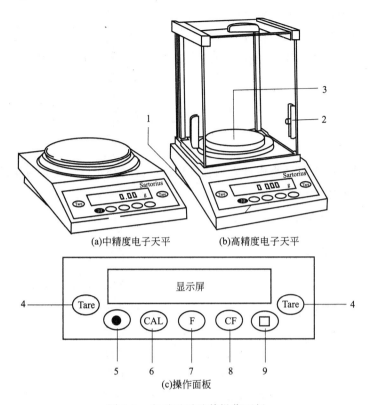

(a)中精度电子天平　(b)高精度电子天平

图 3-1　电子天平及其操作面板

1—地脚螺栓；2—天平门；3—秤盘；4—去皮键；5—开关键；6—校准键；

7—功能键；8—清除键；9—打印键

电子天平的基本使用方法如下所示。

（1）调整地脚螺栓 1 高度，调节天平水平，使水平仪内空气气泡位于圆环中央。

（2）接通电源，按开关键 5 直至全屏自检显示 0.0000g。

（3）电子天平在初次接通电源或长时间断电后，至少要预热 30min 以上，方可使用。

（4）在显示器出现 0.0000g 时，按下校准键 6，将校正的砝码放到电子天平中间，天平执行自动校正。当屏幕显示校正砝码的质量值，且数值静止不动，校正过程结束。

（5）称量：使用去皮键 4 清零。将被测物放于托盘上，关上防风玻璃门，待显示屏数字稳定后方可读数。

（6）称量结束后，需关机时，按下开关键 5 至关机状态。

3.1.4　电子天平的使用注意事项

（1）注意电子天平的称量范围，不准超载。

（2）不准称量带磁性的物质，不得称量热的或散发腐蚀性气体的物质。

（3）电子天平门要经常关闭，特别是在称量过程中。

（4）称量前要开机预热 0.5～1.0h。称量前检查电子天平是否处于水平状态，检查电子天平是否处于零点。

(5) 电子天平在使用前一般都应进行校准操作。

(6) 称量时，被称物质放在秤盘的中央。

(7) 称量完毕要清洁秤盘及秤盘周围，后切断电源，罩上防尘罩。

3.2 分光光度计

分光光度计是用于测量物质对光的吸收程度，并进行定性、定量分析的仪器。可见分光光度计是实验室常用的一种分析仪器，型号较多，如721、722、723型等，这里主要介绍721G型分光光度计。

3.2.1 基本原理

当一束单色光照射溶液时，若入射光的强度为 I_0，通过溶液后的光强度变为 I_t，则 I_t 与 I_0 的比值称为透光率，用 T 表示。T 的负对数称为吸光度，用 A 表示：

$$T = \frac{I_t}{I_0} \qquad A = -\lg T = -\lg \frac{I_t}{I_0}$$

根据朗伯-比尔定律，吸光度 A 与溶液浓度 $c(\rho)$ 和溶液厚度 b 之间的关系为：

$$A = kb\rho \qquad 或 \qquad A = Kbc$$

式中，k 称为吸光系数；K 称为摩尔吸光系数；c 为物质的量浓度；ρ 为质量浓度。

当入射光波长、吸光系数和溶液厚度不变时，透光率或吸光度只随溶液的浓度变化而变化。因此把透过溶液的光经过测光系统中的光电转换器，将光能转变为电能，就可以在测光系统的指示器上显示出相应的吸光度和透光率，从而计算出溶液的浓度。

3.2.2 仪器构造

721G型分光光度计主要由光源、单色器、光量调节器、比色皿座、光电管暗盒（包括光电管和放大器）、显示器、稳压电源及电源变压器等组成。其外形图及基本结构示意图见图3-2，图3-3。

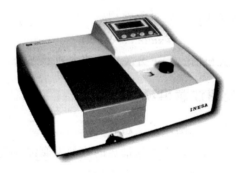

图 3-2　721G 分光光度计外形图

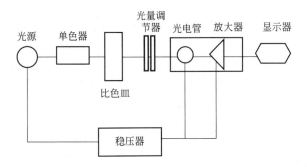

图 3-3　721G 分光光度计基本结构示意图

3.2.3　使用方法

（1）接通电源，打开仪器开关，掀开样品室暗箱盖，预热 20min。

（2）用"波长设置"旋钮设置所需要的分析波长。

（3）按下"MODE"键，设置为透射率"T"模式。打开暗箱盖，按下"$0\%T$"调至 $0\%T$，后将参比液倒入比色皿 3/4 处，将暗箱盖盖上，按下"$100\%T$"调至 $100\%T$。

（4）按下"MODE"键，调至吸光度"A"模式。将待测溶液以浓度由稀到浓的顺序依次装入比色皿中，置于比色皿架上，盖上样品室暗箱箱盖，后将比色皿拉杆轻轻拉出一格，使第二个比色皿内的溶液进入光路。此时显示器所显示的读数即为该溶液的吸光度 A。按照此法，再依次测定其他溶液的吸光度值。

（5）仪器使用完毕，取出比色皿，切断电源，开关拨在"关"的位置。

3.2.4　注意事项

（1）仪器在接通电源前应检查仪器是否接地，各个旋钮是否均在起始位置，是否放在干燥平衡的工作台上。

（2）若改变分析波长，需重新调参比溶液零点，即透光率模式调至"$100\%T$"。

（3）往比色皿装溶液时，必须用该溶液反复润洗 3～4 次，以保证溶液浓度不发生变化。

（4）特别注意保护比色皿的透光面，使其不受磨损，不产生斑痕。拿取比色皿只能双指捏住毛玻璃面；装好溶液要用吸水纸吸干外壁水珠后方能放进比色皿架中；使用完毕应用蒸馏水洗净比色皿（不能用碱或强氧化剂洗涤），再用吸水纸吸干后放入比色皿盒内。

（5）不得将溶液洒落在暗箱内，否则应擦干净，以免腐蚀仪器。

（6）仪器使用完后应在暗箱内放置干燥剂袋，同时更换底部两支干燥筒中的干燥剂，最后用仪器罩罩住整台仪器。

3.3 酸 度 计

酸度计（亦称 pH 计）是一种用电位法测定水溶液中 pH 的电子仪器，除了可测量溶液的酸度外，还可粗略测量氧化还原电对的电极电势等。实验室常用 pH 计有多种型号，但基本原理、操作步骤大致相同。

3.3.1 基本原理

酸度计测 pH 的方法是电位测定法。它除测量溶液的酸度外，还可以测量电池的电动势（mV）。酸度计主要由参比电极（饱和甘汞电极）、指示电极（玻璃电极）和精密电位计三部分组成。

（1）饱和甘汞电极（图 3-4） 它由金属汞、氯化亚汞和饱和氯化钾溶液组成，它的电极反应是：

$$Hg_2Cl_2 + 2e^- \Longrightarrow 2Hg + 2Cl^-$$

饱和甘汞电极的电极电势不随溶液的 pH 变化而变化，在一定温度和浓度下，饱和甘汞电极的电极电势为定值，在 25℃时为 0.245V。

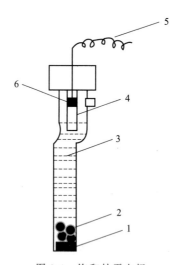

图 3-4　饱和甘汞电极

1—多孔物质；2—KCl 晶体；3—KCl 饱和溶液；4—Hg＋Hg$_2$Cl$_2$；5—导线；6—Hg

（2）玻璃电极（图 3-5） 玻璃电极是用一种特殊的导电玻璃吹制成的空心小球，球中有 0.1mol·L^{-1} HCl 溶液和 Ag-AgCl 电极，把它插入待测溶液中，便组成一个电池：

Ag-AgCl｜HCl(0.1mol·L^{-1})｜玻璃｜待测溶液

薄玻璃膜对氢离子有敏感作用，当它浸入被测溶液内，被测溶液的氢离子与电极玻璃球泡表面水化层进行离子交换，玻璃球泡内层也同样产生电极电势，由于内层氢离子浓度不变，而外层氢离子浓度在变化。因此，内外层的电势差也在变化，所以该电极电

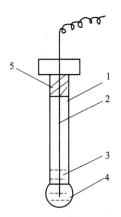

图 3-5　玻璃电极

1—玻璃管；2—铂丝；3—缓冲溶液；4—玻璃膜；5—Ag＋AgCl

势随待测溶液的 pH 不同而改变。

$$E_{玻}=E_{玻}^{\ominus}+0.0591\lg[H^+]=E_{玻}^{\ominus}-0.0591pH$$

将玻璃电极和饱和甘汞电极一起插入被测溶液组成原电池，测得电池的电动势 E。在 25℃时为：

$$E=E_{正}-E_{负}=E_{甘汞}-E_{玻}=0.245-E_{玻}^{\ominus}+0.0591pH$$

整理上式得：

$$pH=\frac{E+E_{玻}^{\ominus}-0.245}{0.0591}$$

（3）复合电极　将 pH 玻璃电极和参比电极组合在一起的电极称之为 pH 复合电极。外壳为塑料的称为塑壳 pH 复合电极。外壳为玻璃的就称为玻璃 pH 复合电极。复合电极的最大优点是合二为一，使用方便。pH 复合电极的结构主要由电极球泡、玻璃支持杆、内参比电极、内参比溶液、外壳、外参比电极、外参比溶液、液接界、电极帽、电极导线、插口等组成。

3.3.2　电极注意事项

（1）pH 计玻璃电极使用注意事项

① 玻璃电极下端的玻璃电极球泡易破碎，切忌与硬物接触。一旦发生破裂，则完全失效。

② 初次使用时，应将球形玻璃电极球泡部分在蒸馏水中浸泡 24h。不用时也应浸泡在蒸馏水中以便下次使用时可简化浸泡手续。

③ 在测定强碱性溶液时，应尽快操作，测完后立即用水洗涤，以免碱液腐蚀玻璃膜。

④ 玻璃电极球泡不可沾有油污。如发生这种情况，则应先浸入酒精中，再放入乙醚或四氯化碳中，然后再移到酒精中，最后用水冲洗并浸入水中。

⑤ 电极插头上的有机玻璃管具有优良的绝缘性能，切忌与化学药品或油污接触。

（2）pH计复合电极使用注意事项

① 球泡前端不应有气泡，如有气泡应用力甩去。

② 电极从浸泡瓶中取出后，应在去离子水中晃动并甩干，不要用纸巾擦拭球泡，否则由于静电感应电荷转移到玻璃膜上，会延长电势稳定的时间，更好的方法是使用被测溶液冲洗电极。

③ pH复合电极插入被测溶液后，要搅拌晃动几下再静止放置，这样会加快电极的响应。尤其使用塑壳pH复合电极时，搅拌晃动要厉害一些，因为球泡和塑壳之间会有一个小小的空腔，电极浸入溶液后有时空腔中的气体来不及排除会产生气泡，使球泡或液接界与溶液接触不良，因此必须用力搅拌晃动以排除气泡。

④ 在黏稠性试样中测试之后，电极必须用去离子水反复冲洗多次，以除去黏附在玻璃膜上的试样。有时还需先用其他溶液洗去试样，再用水洗去溶剂，浸入浸泡液中活化。

⑤ 避免接触强酸强碱或腐蚀性溶液，如果测试此类溶液，应尽量减少浸入时间，用后仔细清洗干净。

⑥ 避免在无水乙醇、浓硫酸等脱水性介质中使用。

⑦ 塑壳pH复合电极的外壳材料是PPS，如电极外壳介质遇损坏，此时应改用玻璃外壳的pH复合电极。

3.3.3 雷磁pHS-3C型酸度计使用方法

雷磁PHS-3C pH计主要包括主机、电源线、复合电极，酸度计外观图及控制面板见图3-6。在主机上接上电源线和复合电极。其主要技术参数：pH测量范围、精度：$0\sim14.00\text{pH}/\pm0.01\text{pH}$；mV测量范围、精度：$-1999\sim+1999\text{mV}/\pm1\text{mV}$；温度℃测量范围、精度：$0\sim100℃/\pm1℃$；温度补偿范围：$0\sim100℃$。仪器主要特点：微电脑设计；LED动态扫描数码显示屏；自动记忆当前校正值；自动/手动温度补偿。

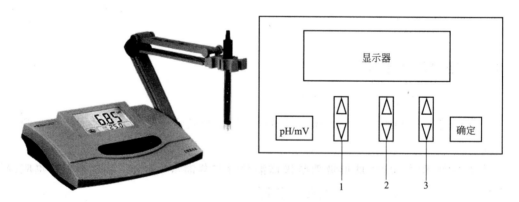

图3-6 PHS-3C酸度计的外观图及控制面板

1—温度；2—斜率；3—定位

（1）开机前准备

① 将多功能电极架插入多功能电极架插座中。

② pH复合电极安装在电极架上。

③ 将 pH 复合电极下端的电极保护套拔下，并且拉下电极上端的橡皮套使其露出上端小孔。用蒸馏水清洗电极，清洗后用滤纸吸干待用。

（2）开机校准

仪器使用前，先要校准，一般来说，仪器在连续使用时，每天要校准一次。

① 按下电源开关，按"pH/mV"按钮，把选择开关旋钮调到 pH 挡，电源接通后，预热 30min。

② 在测量电极插座处插上复合电极。

③ 按下"温度"按钮，按上下任一个都行，然后按确定键，按上下调节至室温。

④ 按下"定位"键，后按确定键，把清洗过的电极插入 pH＝6.86 的缓冲溶液中，使仪器显示读数与该缓冲溶液当时温度下的 pH 相一致。然后按下确定键。

⑤ 按下"斜率"键，后按确定键，把清洗过的电极再插入 pH＝4.00（或 pH＝9.18）的标准溶液中，使仪器显示读数与该缓冲溶液中当时温度下的 pH 一致。然后按下确定键。

⑥ 仪器完成校准。

（3）测量 pH

经校准过的 pH 计，即可用来测定被测溶液，被测溶液与标定溶液温度相同与否，测量步骤也有所不同。

① 被测溶液与定位溶液温度相同时，测量步骤如下所示。

a. 用蒸馏水洗电极球形玻璃球泡，用被测溶液清洗一次。

b. 把电极浸入被测溶液中，用玻璃棒搅拌溶液，使溶液均匀，在显示屏上读出溶液的 pH。

② 被测溶液和定位溶液温度不相同时，测量步骤如下所示。

a. 电极球形玻璃球泡，用被测溶液清洗一次。

b. 用温度计测出被测溶液的温度值。

c. 调节"温度"调节旋钮，使其为溶液的温度值。

d. 把电极插入被测溶液内，用玻璃棒搅拌溶液，使溶液均匀后读出该溶液的 pH。

（4）电极的保养

① pH 玻璃电极的贮存

短期：贮存在 pH＝4 的缓冲溶液中；

长期：贮存在 pH＝7 的缓冲溶液中。

② pH 玻璃电极的清洗

玻璃电极球泡受污染可能使电极响应时间加长。可用 CCl_4 或皂液去掉污物，然后浸入蒸馏水一昼夜后继续使用。

③ 玻璃电极老化的处理

玻璃电极的老化与胶层结构渐进变化有关。用久的电极响应迟缓，膜电阻高，斜率低。用氢氟酸浸蚀掉外层胶层，经常能改善电极性能。若能用此法定期清除内外层胶层，则电极的寿命几乎是无限的。

④ 参比电极的贮存

银-氯化银电极最好的贮存液是饱和氯化钾溶液，高浓度氯化钾溶液可以防止氯化银在液接界处沉淀，并维持液接界处于工作状态。此方法也适用于复合电极的贮存。

（5）注意事项

① 玻璃电极的使用见"pH 计玻璃电极使用注意事项"。

② 电极插口与接线柱应保持清洁、干燥。

③ 酸度计应放在清洁、干燥的地方，防止灰尘和腐蚀性气体侵入。若长时间不用，应定期预热干燥。

④ 酸度计常用的三种标准缓冲溶液

a. pH＝4.00 的酸性缓冲液　将 10.21g GR 级邻苯二甲酸氢钾配制成 1000mL 水溶液。

b. pH＝6.86 的中性缓冲溶液　将 3.4g GR 级磷酸二氢钾和 3.5g GR 级磷酸氢二钠配制成 1000mL 水溶液。

c. pH＝9.18 的碱性缓冲溶液　将 3.81g GR 级的硼砂配制成 1000mL 水溶液。

3.4　电导率仪

电解质溶液的电导测量目前多采用电导率仪进行，它的特点是测量范围广、快速直读及操作方便。电导率仪的种类很多，基本原理大致相同，这里主要介绍 DDS-11A 电导率仪的构造原理及使用方法。

3.4.1　基本原理

导体导电能力的大小，通常用电阻（R）或电导（G）表示。电导是电阻的倒数，关系式为：

$$G = \frac{1}{R}$$

电阻的单位是欧姆（Ω），电导的单位是西门子（S）。

而导体的电阻与导体的长度成正比，与面积成反比：

$$R \propto \frac{l}{A} \qquad R = \rho \frac{l}{A}$$

式中，ρ 为电阻率，表示长度为 1cm，截面积为 $1cm^2$ 时的电阻，单位为 $\Omega \cdot cm$。

电解质水溶液体系也符合欧姆定律。当温度一定时，两极间溶液的电阻与两极间距离 l 成正比，与电极表面积 A 成反比。对于电解质水溶液体系，常用电导（G）和电导率（κ）表示其导电能力。

$$G = \frac{1}{\rho} \cdot \frac{A}{l}$$

$$令\ \kappa = \frac{1}{\rho}$$

$$则\ G = \kappa \cdot \frac{A}{l}$$

式中，κ 是电阻率倒数，称为电导率，表示在相距 1cm、面积为 $1cm^2$ 的两极之间的电导，其单位是 $S \cdot cm^{-1}$。

在电导池中，电极距离和面积是一定的，所以对某一电极来说，$\frac{l}{A}$ 是常数，称之为电极常数或电导池常数，用 K 表示。

$$K = \frac{l}{A}$$

$$G = \kappa \frac{1}{K}$$

$$\kappa = K \cdot G$$

不同的电极，其电极常数 K 不同，因此测出同一溶液的电导 G 也不同。通过上式换算成电导率 κ，由于 κ 的值与电极本身无关，因此用电导率可以比较溶液电导的大小。而电解质水溶液导电能力的大小正比于溶液中电解质含量。通过对电解质水溶液电导率的测量可以测定水溶液中电解质的含量。

电导率仪的测量原理：有振荡器发生的音频交流电压加到电导池电阻与量程电阻组成的串联回路时，如溶液的电压越大，电导池电阻越小，量程电阻两端的电压越大，电压经交流放大器放大，再经整流后推动直流电表，由电表可直接读出电导值，电导率仪测量原理图见图 3-7。

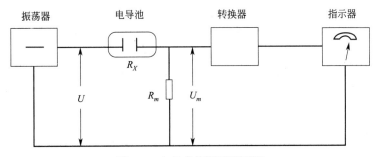

图 3-7　电导率仪测量原理图

3.4.2　使用方法

DDS-11A 型电导率仪是常用的电导率测量仪器，它除能测量一般液体的电导率外，还能测量高纯水的电导率，被广泛用于水质检测、水中含盐量、大气中 SO_2 含量等的测定和电导滴定等方面。DDS-11A 型电导率仪的面板结构见图 3-8。

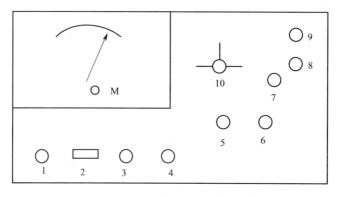

图 3-8　DDS-11A 型电导率仪的面板结构

1—电源开关；2—氖灯泡；3—高低周开关；4—校正测量开关；5—校正调节；6—量程选择开关；

7—电容补偿调节；8—电极插口；9—输出插口；10—电极常数调节器

（1）仪器使用方法

① 通电前，检查表头指针是否指零，如不指零，可用螺丝刀调表头螺丝使指针指零。

② 将校正、测量开关拨在"校正"位置。

③ 打开电源开关，预热数分钟（待指针完全稳定下来为止），调节校正调节器，使电表满刻度指示。

④ 根据液体电导率的大小，选用低周或高周（低于 $300\mu S \cdot cm^{-1}$ 用低周，$300 \sim 1000\mu S \cdot cm^{-1}$ 用高周），将低周、高周开关拨向"低周"或"高周"。

⑤ 将量程选择开关旋至所需要的测定范围。如不知被测量值的大小，应先调至最大量程位置，然后再逐挡下降，以防表针被打弯。

⑥ 根据液体电导率的大小选用不同的电极（低于 $10\mu S \cdot cm^{-1}$ 用光亮电极，$10 \sim 10^4 \mu S \cdot cm^{-1}$ 用铂黑电极）。

⑦ 使用电极时，用电极夹夹紧电极的胶帽，并通过电极夹把电极固定在电极杆上。将电极插头插入电极插口内，旋紧插口上的坚固螺丝，再将电极浸入待测溶液中。

⑧ 将校正、测量开关拨在校正位置，调节校正调节器使电表指针指示满刻度。注意：为了提高测量精度，当使用 $\times 10^4 \mu S \cdot cm^{-1}$ 挡或 $\times 10^3 \mu S \cdot cm^{-1}$ 挡，校正必须在接好电导池（电极插头插入插口，电极浸入待测溶液）的情况下进行。

⑨ 将校正、测量开关拨向测量，这时指示读数乘以量程开关的倍率即为待测溶液的实际电导率。如开关旋至 $0 \sim 100\mu S \cdot cm^{-1}$ 挡，电表指示为 0.9，则被测溶液的电导率为 $90\mu S \cdot cm^{-1}$。

⑩ 用（1）、（3）、（5）、（7）、（9）、（11）各挡时，看表头上面的一条刻度（$0 \sim 1.0$），当用（2）、（4）、（6）、（8）、（10）等各挡时，看表头下面的一条刻度（$0 \sim 3$），即红点对红线，黑点对黑线。

（2）仪器注意事项

① 电极使用前，应将电极泡在蒸馏水中数分钟。电极的引线不能弄湿，否则将测不准。

② 测量高纯水时要快速测量，否则空气中的 CO_2 溶于水而解离出 H^+，HCO_3^-，使电导率增大。

③ 盛待测溶液的容器必须清洁，无其他离子沾污。

④ 每测一份样品后，都要用去离子水冲洗电极，并用滤纸吸干，但不能擦。

3.5　阿贝折光仪

折射率是物质的重要特性常数之一，固体、液体、气体都有折射率。折射率也常作为检验原料、溶剂、中间体、最终产物纯度和鉴定未知物的依据。实验中常用阿贝（Abbe）折光仪来测量物质的折射率，尤其是液体物质，应用更普遍。

3.5.1　基本原理

光在不同介质中的传播速率不相同，所以光线从一种介质进入另一种介质，当它的传播方向与两个介质的界面不垂直时，则在界面处的传播方向发生改变。这种现象称为光的折射现象。如图 3-9 所示。

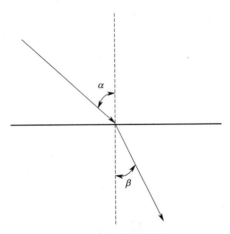

图 3-9　光的折射现象

在确定外界条件（温度、压力）下，光在空气中的速率（v_1）与它在液体中的速率（v_2）之比定义为该液体的折射率 n。

$$n = \frac{v_1}{v_2}$$

根据折射定律，光线自介质 A 进入介质 B，入射角 α 与折射角 β 的正弦之比和两种介质的折射率成反比：

$$\frac{\sin\alpha}{\sin\beta}=\frac{n_B}{n_A}$$

如果介质 A 为光疏介质，B 为光密介质，即 $n_A < n_B$，则折射角 β 必小于入射角 α。当入射角 $\alpha = 90°$，则 $\sin\alpha = 1$，这时折射角达到最大值，称为临界角，用 β_0 表示。通常测定折射率都是采用空气作为近似真空标准，即 $n_A = 1$，上式成为：

$$n=\frac{1}{\sin\beta_0}$$

可见测定临界角 β_0，就可以得到折射率。这就是通常所用阿贝（Abbe）折光仪的基本光学原理。

物质的折射率随入射光线波长、测定温度、被测物质结构、压力等因素变化，所以折射率的表示需要注明光线波长和测定温度，常表示为 n_D^t，D 表示钠光的 D线波长（589nm）。

3.5.2 仪器构造

仪器的主要组成部分是两块直角棱镜，上面一块是光滑的，下面一块的表面是磨砂的，可以开启。阿贝折光仪的外形图如图 3-10 所示。两棱镜平面叠合时，约有 0.1 到 0.15mm 缝隙，将待测液放入缝隙中形成一层均匀的液膜。当光线从反射镜射入磨砂棱镜时，由于粗糙的毛玻璃面会发生漫散射，以不同入射角进入待测液层后再射到上面的光滑棱镜表面。由于棱镜的折射率很高（约 1.75，大于液体折射率），当光线发生折射时，其折射角 α 小于入射角 β，在临界角以内区域均有光线通过，是明亮的，而临界角以外区域折射光线消失（没有光线通过），是暗的，从而形成半明半暗界线清晰的像。如果在介质 B 上方用一目镜观察，就可以看见一个界线十分清晰的半明半暗图像。液体介质不同，临界角不同，从目镜观察到明暗界线位置也不同。在每次测定时，使明暗界线与目镜的"十"字交叉线交点重合如图 3-11 所示，记下标尺上读数，即为所测物质折射率（折光仪中已将折射角换算为折射率）。同时阿贝折光仪有消色散装置，故可直接使用日光，其测得的

图 3-10 阿贝折光仪外形图

数值与用钠光线测得的一样。

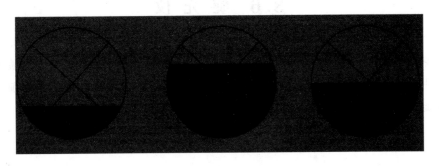

图 3-11　阿贝折光仪在临界角时目镜视野图

3.5.3　使用方法

3.5.3.1　仪器校正

将折射仪恒温器接头接超级恒温水浴槽，装好温度计，通入恒温水，使恒温于 20℃或 25℃。打开下面棱镜，使其镜面处于水平位置，在镜面上滴 1～2 滴丙酮，合上棱镜，使镜面全部被丙酮润湿，再打开棱镜，用镜头纸擦干丙酮，然后用蒸馏水或已知折射率的标准光玻璃块校正标尺刻度。用蒸馏水为标准样时，可把水滴在棱镜毛玻璃面上，合上两棱镜，旋转棱镜刻度尺使其读数与水的折射率一致，调节使明暗线与"十"字交叉点相合，即完成校正。

3.5.3.2　测定操作

(1) 测定时，将待测液体滴在洗净并擦干的磨砂棱镜面上，旋转锁钮，使液体均匀无气泡充满视场，如样品易挥发，可用滴管从棱镜小槽滴入。

(2) 调节两反光镜，使两镜筒视场明亮。

(3) 转动棱镜，在目镜中观察到半明半暗现象，因光源为白光，故在界线处呈现彩色，此时可调节消色补偿器使明暗清晰，然后再调节镜筒使明暗界线正好与目镜中"十"字线交点重合。从标尺上直接读取折射率 n_D，读数可至小数点后第四位。最小刻度是 0.0001，可估计到 0.00001，数据的可重复性为±0.0001。

(4) 若需测量不同温度的折射率，可将超级恒温槽温度调节到所需测量的温度，待恒温后即可进行测量。

(5) 使用完毕，打开棱镜组，用丙酮洗净镜面，干燥，并用镜头纸擦净，妥善复原。

使用阿贝折光仪，最重要的是保护一对棱镜，不能用滴管或其他硬物碰及镜面，严禁测定腐蚀性液体、强酸、强碱、氟化物等。当液体折射率不在 1.3000～1.7000 范围内，则不能用阿贝折光仪测定。

3.6 旋 光 仪

某些有机物分子为手性分子，能使偏光振动平面旋转而显旋光性。比旋光度是物质特性常数之一，测定旋光度可以检验旋光性物质的纯度和含量。测定旋光度的仪器是旋光仪。

3.6.1 基本原理

一般光源发出的光，其光波在垂直于传播方向的一切方向上振动，这种光称为自然光，或称非偏振光。而只在一个方向上有振动的光称为平面偏振光。

当一束平面偏振光通过某些物质时，其振动方向会发生改变，此时光的振动面旋转一定的角度，这种现象称为物质的旋光现象，这种物质称为旋光物质。旋光物质使偏振光振动面旋转的角度称为旋光度。尼柯尔（Nicol）棱镜就是利用旋光物质的旋光性而设计的。

3.6.2 旋光仪的构造原理和结构

旋光仪示意图如图 3-12 所示。旋光仪的主要元件是两块尼柯尔棱镜。尼柯尔棱镜是由两块方解石直角棱镜组成。

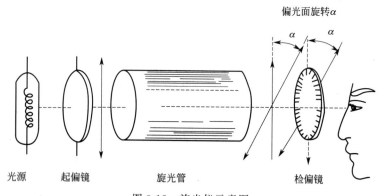

图 3-12　旋光仪示意图

当一束单色光照射到尼柯尔棱镜时，分解为两束相互垂直的平面偏振光，这两束光线到达树脂黏合面（两棱镜直角边黏合剂）时，折射率大的光被全反射到底面上的墨色涂层从而被吸收，而折射率小的光则通过棱镜，在尼克尔棱镜的出射方向获得了一束单一的平面偏振光。用于产生平面偏振光的棱镜称为起偏镜。

如让起偏镜产生的偏振光照射到另一个透射面与起偏镜透射面平行的尼柯尔棱镜，则这束平面偏振光也能通过第二个棱镜，如果第二个棱镜的透射面与起偏镜的透射面垂直，则由起偏镜出来的偏振光完全不能通过第二个棱镜。如果第二个棱镜的透射面与起偏镜的透射面之间的夹角在 0°～90° 之间，则光线部分通过第二个棱镜，此第二个棱镜称为检偏镜。通过调节检偏镜，能使透过的光线强度在最强和零之间变化。如果在起偏镜与检偏镜之间放有旋光性物质，则由于物质的旋光作用，使来自起偏镜的光的偏振面改变了某一角度，只有检偏镜也旋转同样的角度，才能补偿由于旋光作用改变的角度，使透过的光的强度与原来相同。旋光仪就是根据这种原理设计的。

物质的旋光度与溶液的质量浓度、溶剂、温度、旋光管长度和所用光源的波长等都有关，因此常用比旋光度 $[\alpha]_\lambda^t$ 来表示各物质的旋光性。

$$纯液体的比旋光度 = [\alpha]_\lambda^t = \frac{\alpha}{l \cdot \rho}$$

$$溶液的比旋光度 = [\alpha]_\lambda^t = \frac{\alpha}{l \cdot \rho_{样品}} \times 100$$

式中，$[\alpha]_\lambda^t$ 表示旋光性物质在 $t℃$、光源的波长为 λ 时的比旋光度；t 为测定时的温度；λ 为光源的波长；α 为标尺盘转动角度的读数（即旋光度）；ρ 为纯液体的密度；l 为旋光管的长度；$\rho_{样品}$ 为样品的质量浓度（即 100mL 溶液中所含样品的质量），$g \cdot mL^{-1}$。

3.6.3 使用方法

（1）首先打开钠光源，等待 $2 \sim 3min$ 光源稳定后，从望远镜目镜看，视野如不清晰可调节望远镜焦距。

（2）旋光仪零点的校正　在测定样品前，需要先校正旋光仪的零点。洗净样品管，将其竖直装满蒸馏水，玻璃盖沿管口边缘轻轻平推盖好（注意：一定要无气泡），然后旋上螺丝帽盖，不能漏水，不要过紧。如管内有空隙，影响测定结果。将样品管擦干，放入旋光仪内，罩上盖子，开启钠光灯，将标尺盘调至零点左右，旋转粗动、微动手轮，使视场内Ⅰ和Ⅱ部分的亮度均一，记下读数。重复操作至少 5 次，取平均值，若零点相差太大时，应把仪器重新校正。

为了准确判断旋光度的大小，通常在视野中分出三分视场（见图 3-13）。当检偏镜的偏振面与通过棱镜的光的偏振面平行时，通过目镜可看到图 3-13(c)（当中明亮，两旁较暗），检偏镜的偏振面与起偏镜的偏振面平行时，通过目镜可看到图 3-13(b)（当中较暗，两旁明亮），只有当检偏镜的偏振面处于 1/2（半暗角）的角度时，可看到图 3-13(a) 所示，这一位置作为零度。

（3）旋光度的测定　准确称取一定量的样品溶于水配成溶液，依上法测定其旋光度（测定之前必须用溶液洗旋光管 2 次，以免受污物影响）。所得的读数与零点之间的差值即为该物质的旋光度。记下样品管的长度及溶液的温度，然后按公式计算其比旋光度。

实验室也用自动旋光仪测量旋光度，该仪器采用光电检测器自动显示数值装置，灵敏度高，使用按照仪器说明书操作即可。

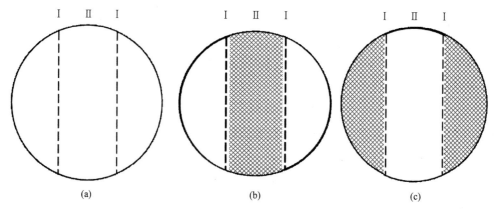

图 3-13　三分视界式旋光仪中旋光的观察

参 考 文 献

［1］　北京师范大学无机化学教研室．无机化学实验．第 3 版．北京：高等教育出版社，2001.

［2］　大连理工大学无机化学教研室．无机化学实验．第 2 版．北京：高等教育出版社，2004.

［3］　南京大学《无机及分析化学实验》编写组．无机及分析化学实验．第 5 版．北京：高等教育出版社，2015.

［4］　王亚珍．物理化学实验．北京：化学工业出版社，2013.

第4章

基础化学实验

实验 1　量器的使用和溶液的配制

【实验目的】

　　1. 初步掌握一般量器、滴定管、移液管、容量瓶的使用方法。

　　2. 掌握常规溶液和准确浓度溶液的配制方法。

【实验原理】

　　在化学实验中，常常需要配制各种溶液来满足不同实验的要求。如果实验对溶液浓度的准确性要求不高，一般利用台秤、量筒、带刻度烧杯等低准确度的仪器配制就能满足需要。如果实验对溶液浓度的准确性要求较高，如定量分析实验，这就必须使用分析天平、移液管、容量瓶等高准确度的仪器配制溶液。对于易水解的物质，在配制溶液时还要考虑先以相应的酸溶解易水解的物质，再加水稀释。无论是粗配还是准确配制一定体积、一定浓度的溶液、首先要计算所需试剂的用量，包括固体试剂的质量或液体试剂的体积，然后再进行配制。不同浓度的溶液在配制时的具体计算及配制步骤如下。

　　1. 由固体试剂配制溶液

　　由公式 $c = \dfrac{m}{MV}$　得　$m = cMV$

　　式中，m 为固体试剂的质量，g；M 为固体试剂的摩尔质量，$g \cdot mol^{-1}$；c 为物质的量浓度，$mol \cdot L^{-1}$；V 为溶液体积，L。

　　粗略配制　算出配制一定浓度和体积的溶液所需固体试剂的质量，用台秤称取，倒入带刻度烧杯中，加入少量蒸馏水搅拌使固体完全溶解后，再用蒸馏水稀释至刻度即得所需溶液，然后将溶液倒入试剂瓶中，贴上标签备用。

准确配制　先算出配制给定体积准确浓度溶液所需固体试剂的用量并在分析天平上准确称出其质量，放在干净烧杯中，加适量蒸馏水使其完全溶解，溶液转移到容量瓶中，用少量蒸馏水洗涤烧杯2～3次，冲洗液也移入容量瓶中，再加蒸馏水至标线处，盖上塞子，将溶液摇匀即得所配溶液，然后将溶液移入试剂瓶中，贴上标签，备用。

2. 由液体（或浓溶液）试剂配制溶液

（1）计算

由已知物质的量浓度溶液稀释

由公式 $c_{新}V_{新}=c_{原}V_{原}$　　得　　$V_{原}=\dfrac{c_{新}V_{新}}{c_{原}}$

由已知质量分数溶液配制

由公式 $c_{原}=\dfrac{\rho x}{M}\times 1000$ 和 $c_{新}V_{新}=c_{原}V_{原}$　　得　　$V_{原}=\dfrac{c_{新}V_{新}M}{\rho\cdot x\times 1000}$

式中，x 为溶质的质量分数；ρ 为液体试剂（或浓溶液）的密度。

（2）配制方法

粗略配制　先用比重计测量液体（或浓溶液）试剂的相对密度，从有关表中查出其对应的质量分数，算出配制一定物质的量浓度的溶液所需液体（或浓溶液）用量，用量筒量取所需的液体（或浓溶液），倒入装有少量水的有刻度烧杯中混合，如果溶液放热，需冷却至室温后，再用蒸馏水稀释至刻度，搅动均匀，然后移入试剂瓶中，贴上标签备用。

准确配制　当用较浓的准确浓度的溶液配制较稀准确浓度的溶液时，先计算，然后用处理好的移液管吸取所需溶液注入给定体积的洁净的容量瓶中，再加蒸馏水至标线处，摇匀后，倒入试剂瓶，贴上标签备用。

【仪器与试剂】

1. 仪器

台秤，分析天平，称量瓶，试剂瓶，量筒（50mL 1 个，100mL 1 个），移液管（10mL 1 个），容量瓶（100mL 1 个），烧杯（100mL 3 个）。

2. 试剂

$NaOH(s)$，$CuSO_4\cdot 5H_2O(s)$，$H_2SO_4(1:2)$，$HAc(1mol\cdot L^{-1})$。

【实验步骤】

1. 看多媒体教学课件，学习容量瓶和移液管的使用。

2. 容量瓶和移液管的使用练习

（1）取 100mL 容量瓶检查是否漏水，用自来水练习定容，并练习振荡操作。

（2）用 10mL 移液管反复练习吸液，准确体积放液与移液，熟练为止。

容量瓶和移液管的使用，参见第二章。

3.常规溶液的配制

（1）配制 $0.1mol \cdot L^{-1}$ $CuSO_4$ 溶液 50mL

① 计算配制 $0.1mol \cdot L^{-1}$ $CuSO_4$ 溶液 50mL 需要 $CuSO_4 \cdot 5H_2O$ 多少克？

② 用台秤称取 $CuSO_4 \cdot 5H_2O$ 于 100mL 烧杯中，加入 50mL 蒸馏水，搅拌溶解至均匀；

③ 将配制好的溶液置于指定容器中。

（2）配制 $1mol \cdot L^{-1}$ NaOH 溶液 50mL

① 计算配制 $1mol \cdot L^{-1}$ NaOH 溶液 50mL 需要 NaOH 多少克？

② 用台秤称取 NaOH 于 100mL 烧杯中，先加入 20mL 蒸馏水，用玻璃棒搅拌溶解并待冷却后，再加 30mL 蒸馏水，搅匀；

③ 将配制好的溶液置于指定容器中。

（3）配制浓度为 $2mol \cdot L^{-1}$ H_2SO_4 溶液 60mL

① 计算配制 $2mol \cdot L^{-1}$ H_2SO_4 溶液 60mL 需要 $6mol \cdot L^{-1}$ 的 H_2SO_4 溶液多少毫升？

② 用量筒量取所需的 $6mol \cdot L^{-1}$ H_2SO_4 溶液倒入 100mL 烧杯中，然后再加入所需蒸馏水并搅匀。

③ 将配制好的溶液置于指定容器中。

4.准确浓度溶液的配制

配制浓度为 $0.1mol \cdot L^{-1}$ （精确到 0.0001）的 HAc 溶液 100mL

用 10mL 移液吸量管量取实验室已标定的 $1mol \cdot L^{-1}$ 左右的 HAc 标准溶液 10.00mL 到 100mL 容量瓶中，用蒸馏水稀释到刻度，将配制好的溶液置于指定容器中。

【原始数据记录与数据处理】

1.原始数据记录

称量 $CuSO_4 \cdot 5H_2O$ _____ g。

称量 NaOH _____ g。

量取 $6mol \cdot L^{-1}$ H_2SO_4 溶液_____ mL。

移取 $1mol \cdot L^{-1}$ HAc 溶液_____ mL 。

2.数据处理

$CuSO_4 \cdot 5H_2O$ 用量的计算：

NaOH 用量的计算：

$6mol \cdot L^{-1}$ H_2SO_4 用量的计算：

$1mol \cdot L^{-1}$ HAc 用量的计算：

【实验报告】

实验报告要求参见第一章 1.6。

【思考题】

1. 使用移液管的操作要领是什么？为何要垂直流下液体？最后留于管尖的半滴液体应如何处理？

2. 配制溶液时为何要用蒸馏水，而不用自来水？

【参考文献】

[1] 北京师范大学无机化学教研室等．无机化学实验．第3版．北京：高等教育出版社，2001.

[2] 武汉大学化学与分子科学学院实验中心．无机化学实验．第2版．武汉：武汉大学出版社，2012.

[3] 南京大学《无机及分析化学实验》编写组．无机及分析化学实验．第5版．北京：高等教育出版社，2015.

实验 2　粗盐的提纯

【实验目的】

1. 学会用化学方法提纯粗食盐的原理和方法。

2. 练习台秤的使用以及加热、溶解、常压过滤、减压过滤、蒸发浓缩、结晶、干燥等基本操作。

3. 了解 Ca^{2+}、Mg^{2+} 和 SO_4^{2-} 等离子的定性检验方法。

【实验原理】

粗食盐中含有泥沙等不溶性杂质及 Ca^{2+}、K^+、Mg^{2+} 和 SO_4^{2-} 等可溶性杂质。不溶性杂质可用过滤方法除去。Ca^{2+}、Mg^{2+} 和 SO_4^{2-} 等离子可以通过化学方法，即选用合适的沉淀剂使之转化为难溶沉淀物，再过滤除去。有关反应方程式如下：

$$Ba^{2+} + SO_4^{2-} = BaSO_4 \downarrow$$

$$4Mg^{2+} + 5CO_3^{2-} + 2H_2O = Mg(OH)_2 \cdot 3MgCO_3 \downarrow + 2HCO_3^-$$

$$Ca^{2+} + CO_3^{2-} = CaCO_3 \downarrow$$

$$Ba^{2+} + CO_3^{2-} = BaCO_3 \downarrow$$

K^+ 等其他可溶性杂质含量少，蒸发浓缩后不结晶，留在母液中而被除掉。

【仪器与试剂】

1. 仪器

台秤，烧杯（100mL 2个），普通漏斗，漏斗架，布氏漏斗，吸滤瓶，真空泵，蒸发皿，量筒（10mL 1个，50mL 1个），泥三角，石棉网，坩埚钳，煤气灯（或酒精灯）。

2. 试剂

HCl 溶液（6mol·L⁻¹），NaOH（2mol·L⁻¹），$BaCl_2$（1mol·L⁻¹），Na_2CO_3（饱

和），$(NH_4)_2C_2O_4(0.5mol \cdot L^{-1})$，粗食盐，镁试剂。

材料：pH 试纸，滤纸。

【实验步骤】

1. 粗食盐的提纯

（1）粗食盐的称量和溶解　在台秤上称取粗食盐 5.0g，放入 100mL 烧杯中，加入 20mL 水，加热、搅拌使食盐溶解。

（2）SO_4^{2-} 的除去　在煮沸的溶液中，边搅拌边逐滴滴加 $1mol \cdot L^{-1}BaCl_2$ 溶液（约 1mL）。为检验 SO_4^{2-} 是否沉淀完全，可将热源移开，待沉淀下沉后，再在上层清液中滴入 1～2 滴 $BaCl_2$ 溶液，观察溶液是否有浑浊现象。如清液不变浑浊，证明 SO_4^{2-} 已沉淀完全，如溶液变浑浊，则要继续加 $BaCl_2$ 溶液，直到沉淀完全为止。然后用小火加热 3～5min，以使沉淀颗粒长大而便于过滤。用普通漏斗过滤，保留滤液，弃去沉淀。

（3）Ca^{2+}、Mg^{2+} 和 Ba^{2+} 等离子的除去　将所得滤液加热至近沸，边搅拌边加饱和 Na_2CO_3 溶液，直至不再产生沉淀为止。仿照（2）中方法检验 Ca^{2+}、Mg^{2+} 和 Ba^{2+} 等离子已经完全沉淀后，继续用小火煮沸 5min，用普通漏斗过滤，保留滤液，弃去沉淀。

（4）调节溶液的 pH　在滤液中逐滴加入 $6mol \cdot L^{-1}HCl$，充分搅拌直至溶液 pH 约为 2～3。

（5）蒸发浓缩　将滤液转移至蒸发皿中，放在泥三角上用小火加热，蒸发浓缩直到溶液呈稀糊状为止，切不可将溶液蒸干。

（6）结晶、减压过滤、干燥　将浓缩液冷却至室温，用布氏漏斗减压过滤，尽量抽干。再将晶体转移到蒸发皿中，放在石棉网上，用小火加热并搅拌，以干燥之。冷却后称其质量，计算收率。

2. 产品纯度的检验

称取粗食盐和提纯后的精盐各 1g，分别溶于 5mL 去离子水中，然后各分盛于 3 支试管中。用下述方法对照检验它们的纯度。

（1）SO_4^{2-} 的检验　加入 2 滴 $1mol \cdot L^{-1}BaCl_2$ 溶液，观察有无白色的 $BaSO_4$ 沉淀生成。

（2）Ca^{2+} 的检验　加入 2 滴 $0.5mol \cdot L^{-1}(NH_4)_2C_2O_4$ 溶液，稍待片刻，观察有无白色的 CaC_2O_4 沉淀生成。

（3）Mg^{2+} 的检验　加入 2～3 滴 $2mol \cdot L^{-1}NaOH$ 溶液，使溶液呈碱性，再加入几滴镁试剂 I[1]，如有蓝色沉淀产生，表示有 Mg^{2+} 存在。

【附注】

[1] 对硝基苯偶氮间苯二酚俗称镁试剂 I，在碱性环境下呈红色或红紫色，被 $Mg(OH)_2$ 吸附后呈天蓝色。

【思考题】

1. 在除去 Ca^{2+}、Mg^{2+} 和 SO_4^{2-} 时，为什么要先加入 $BaCl_2$ 溶液，然后再加入 Na_2CO_3 溶液？

2. 蒸发前为什么要用盐酸将溶液的 pH 调至 2～3？

3. 蒸发时为什么不可将溶液蒸干？

【参考文献】

[1]　北京师范大学无机化学教研室等.无机化学实验.第 3 版.北京：高等教育出版社，2001.

[2]　大连理工大学无机化学教研室.无机化学实验.第 2 版.北京：高等教育出版社，2004.

[3]　武汉大学化学与分子科学学院实验中心.无机化学实验.第 2 版.武汉：武汉大学出版社，2012.

[4]　南京大学《无机及分析化学实验》编写组.无机及分析化学实验.第 5 版.北京：高等教育出版社，2015.

实验 3　溶胶的制备、净化与性质

【实验目的】

1. 了解溶胶的制备和净化方法。
2. 了解溶胶的光学、电学性质及溶胶的聚沉现象。
3. 学会使用离心机和离心分离操作。

【实验原理】

溶胶是胶粒均匀分散在液体介质中所形成的高分散多相体系，要制得比较稳定的溶胶，需在加入稳定剂的条件下设法获得适当大小（10^{-7}～10^{-5} cm）的颗粒。在这原则上有两种方法。

1. 凝聚法：即在一定条件下使分子或离子聚结为胶粒大小的质点。加热使稀 $FeCl_3$ 溶液水解制备氢氧化铁溶胶，酒石酸锑钾（$SbKOC_4H_4O_6$）溶液与饱和 H_2S 溶液发生复分解反应形成三硫化二锑溶胶等均属此法。

2. 分散法：将大颗粒分散相在一定条件下分散为胶粒大小的质点。在实验时洗涤沉淀过程中有时会形成溶胶，例如 $AgCl$ 沉淀用蒸馏水洗涤时可分散成带负电荷的溶胶，此为分散法的实例之一。

制备的溶胶中，会有一些低分子量的溶质及电解质等杂质，常会影响溶胶的稳定性，可用渗析法使溶胶净化。

当光通过溶胶时，胶粒对光产生散射作用，其本身便成为一个小的发光体，从侧面可以看到由胶粒散射所形成的光路，此即丁道尔效应。

具有较大表面积的胶粒，可选择吸附溶液中的离子而带电，胶核表面具有溶剂化的双电层结构，从而使溶胶体系稳定存在。例如 $Fe(OH)_3$ 溶胶吸附 FeO^+ 而带正电；

Sb_2S_3 溶胶吸附 HS^- 而带负电。带电的胶粒在外电场作用下向相反电性的电极移动的现象，称为电泳。

溶胶是热力学不稳定体系，具有聚结不稳定性。加入一定量的电解质可以引起溶胶聚沉。电解质的聚沉作用主要是由电解质中与胶粒带相反电荷的离子引起的。电解质的聚沉能力随反离子的电荷升高而增强。

加入高分子溶液（如动物胶）可以增大溶胶的稳定性，具有保护作用；但是如果加入的量很少，不但不起保护作用，反而降低其稳定性，促使其聚沉，这种现象称之为敏化作用。

【仪器与试剂】

1. 仪器

电动离心机，观察丁道尔效应装置，电泳仪，烧杯（100mL），量筒（10mL，50mL），酒精灯，锥形瓶（100mL），三脚架，试管，离心试管。

2. 试剂

$FeCl_3$（$0.1mol \cdot L^{-1}$），酒石酸锑钾（0.4%），$K_4[Fe(CN)_6]$（$0.1mol \cdot L^{-1}$），$AgNO_3$（$0.1mol \cdot L^{-1}$），$KSCN$（$0.5mol \cdot L^{-1}$），HCl（$0.001mol \cdot L^{-1}$），$NaCl$（$0.005mol \cdot L^{-1}$），$CaCl_2$（$0.005mol \cdot L^{-1}$），$AlCl_3$（$0.005mol \cdot L^{-1}$），饱和硫化氢水溶液，$CuSO_4$（2%），$NaCl$（5%），动物胶（1%）。

【实验步骤】

1. 溶胶的制备

（1）水解反应制氢氧化铁溶胶[1]：在100mL小烧杯中，注入蒸馏水25mL，加热至沸，然后边搅拌边逐滴加入 $0.1mol \cdot L^{-1}FeCl_3$ 溶液4mL，继续煮沸1~2min，观察颜色变化，写出反应式，保留溶胶供后面实验用。

（2）复分解反应制备三硫化二锑溶胶：在100mL小烧杯中盛0.4%酒石酸锑钾溶液20mL，然后滴加饱和硫化氢水溶液，并适当搅拌，直到溶液变成橙红色溶胶为止，写出反应式。保留溶胶供后面使用。

2. 溶胶的净化——渗析

（1）渗析袋的准备：于一充分洗净烘干的100mL锥形瓶内，倒入约10mL火棉胶溶液，慢慢转动锥形瓶，使火棉胶液在内壁上形成一层均匀的薄膜，倾出多余的火棉胶，倒置锥形瓶于铁圈上，让乙醚蒸发至用手轻触胶膜而不黏着，在瓶口剥开一部分膜，在此膜和瓶壁之间灌水至满，轻轻取出所成之袋，用蒸馏水检查是否漏水，如漏水只需找有漏洞的部分，用玻璃棒蘸火棉胶少许，轻轻接触漏洞即可补好。或者用丙酮处理过的玻璃纸代替火棉胶渗析袋也可。

（2）渗析：将制备的氢氧化铁溶胶注入渗析袋中，用线拴住袋口，置于盛有蒸馏水的烧杯内，每隔20min换水一次，并检查水中的 Cl^- 和 Fe^{3+}（分别用 $AgNO_3$ 和 $KSCN$ 试剂）、直到不能检查出 Cl^- 和 Fe^{3+} 为止。

3. 丁道尔效应

将所制好的溶胶装入试管或小烧杯中，对准光束，观察丁道尔效应。再用 2% $CuSO_4$ 溶液作同样观察，则无此现象。

4. 电泳现象

在洗净的 U 形管中，注入所制好的三硫化二锑溶胶，然后分别在两侧管内的溶胶面上小心地注入 $0.001 mol \cdot L^{-1}$ HCl 溶液，使溶胶与溶液之间有明显的界面。在 U 形管的两端各插一根铂电极，接上直流电源，通电到一定时间后，观察溶胶界面移动的方向，判断溶胶所带电性。同法进行氢氧化铁溶胶的电泳试验，观察结果。

5. 溶胶的聚沉

(1) 取 3 支试管各加入三硫化二锑溶胶 1mL，依次分别滴加 $0.005 mol \cdot L^{-1}$ NaCl、$0.005 mol \cdot L^{-1}$ $CaCl_2$、$0.005 mol \cdot L^{-1}$ $AlCl_3$ 溶液，至每个试管刚出现浑浊为止。记下每种电解质溶液引起溶胶发生聚沉所需要的最小量。简要说明聚沉所需电解质溶液的数量和它们的阳离子电荷的关系。

(2) 在一支试管中，加入氢氧化铁溶胶和三硫化二锑溶胶各 2mL，观察所出现的现象，并解释之。

(3) 取 2mL 三硫化二锑溶胶并加热至沸，观察有何变化？并解释原因。

6. 动物胶的保护作用和敏化作用

(1) 保护作用：取 2 支试管，于一管中加入 1% 动物胶溶液 1mL，在第 2 管中加蒸馏水，然后在 2 支试管中各加入三硫化二锑溶胶 2mL，并小心振荡试管，约 3min 后，再在两支试管中各加入 5% NaCl 溶液 1mL，摇匀，比较两管中的现象，并解释之。

(2) 敏化作用：取 2 支试管，各加入三硫化二锑溶胶 5mL。于其中一管中加入 1% 动物胶溶液 2 滴，另一管中加入 5% NaCl 溶液 1mL，摇匀，比较两管中的现象，并解释之。

【附注】

[1] 在制备 $Fe(OH)_3$ 溶胶的实验中，可在 $Fe(OH)_3$ 溶胶中略加 $1 mol \cdot L^{-1}$ $NH_3 \cdot H_2O$，使溶胶的 pH 约在 3~4，则丁道尔效应较明显。

【思考题】

1. 写出本实验中制备氢氧化铁溶胶、三硫化二锑溶胶的反应式和胶团结构。为什么半透膜能净化溶胶？

2. 电泳和电渗有何不同？它能说明溶胶的什么性质？

3. 氢氧化铁溶胶和三硫化二锑溶胶对准光束能看到明显的光路，而 $CuSO_4$ 溶液则不能，为什么？

4. 从自然现象和日常生活中举出两个胶体聚沉的例子。

【参考文献】

北京师范大学无机化学教研室等. 无机化学实验. 第 3 版. 北京：高等教育出版社，2001.

实验4 化学反应速率与活化能的测定

【实验目的】

1. 了解浓度、温度、催化剂对反应速率的影响。
2. 了解测定反应速率的方法和终止反应的方法（迅速降温等）。
3. 了解用图解法求反应级数和反应的活化能的方法。

【实验原理】

在水溶液中，过硫酸铵与碘化钾发生如下反应：

$$(NH_4)_2S_2O_8 + 3KI \xlongequal{} (NH_4)_2SO_4 + K_2SO_4 + KI_3$$

其离子反应方程式为：

$$S_2O_8^{2-} + 3I^- \xlongequal{} 2SO_4^{2-} + I_3^- \tag{1}$$

此反应的反应速率（v）与反应物浓度的关系可表示为：

$$v = -\frac{\Delta[S_2O_8^{2-}]}{\Delta t} = k[S_2O_8^{2-}]^m[I^-]^n$$

式中，m、n 为反应级数；k 为反应速率常数。

为了能测定出在一定时间（Δt）内过硫酸铵的改变量 $\Delta[S_2O_8^{2-}]$，应在混合 $(NH_4)_2S_2O_8$ 溶液与 KI 溶液的同时加入一定体积已知浓度的含有淀粉指示剂的 $Na_2S_2O_3$ 溶液，在反应（1）进行的同时也进行着如下反应：

$$2S_2O_3^{2-} + I_3^- \xlongequal{} S_4O_6^{2-} + 3I^- \tag{2}$$

反应（2）的速率比反应（1）快得多，由反应（1）生成的 I_3^- 立即与 $S_2O_3^{2-}$ 作用，生成无色的 $S_4O_6^{2-}$ 和 I^-。因此，在开始的一段时间内未见有 I_2 与淀粉作用所显示的蓝色。但一旦 $Na_2S_2O_3$ 耗尽，由反应（1）继续生成的微量 I_3^-（$I_2 + I^- \xlongequal{} I_3^-$）就迅速与淀粉作用，使溶液显示蓝色。

从方程（1）与（2）可知，反应消耗的 $[S_2O_8^{2-}] : [S_2O_3^{2-}] = 1 : 2$ 即

$$\Delta[S_2O_8^{2-}] = \frac{\Delta[S_2O_3^{2-}]}{2}$$

代入反应速率关系式得：

$$v = -\frac{\Delta[S_2O_8^{2-}]}{\Delta t} = -\frac{\Delta[S_2O_3^{2-}]}{2\Delta t} = k[S_2O_8^{2-}]^m[I^-]^n$$

对上式两边取对数，得

$$\lg v = m\lg[S_2O_8^{2-}] + n\lg[I^-] + \lg k$$

当 $[I^-]$ 不变时，以 $\lg v$ 对 $\lg[S_2O_8^{2-}]$ 作图，可得一直线，斜率即为 m。同理，当 $[S_2O_8^{2-}]$ 不变时，$\lg v$ 对 $\lg[I^-]$ 作图，可求得 n。

求出 m 和 n 后，代入下式计算反应速率常数 k。

$$k = \frac{v}{[S_2O_8^{2-}]^m[I^-]^n}$$

根据 Arrhehius 方程式，反应速率常数 k 与反应温度 T 有如下关系：

$$\lg k = A - \frac{E_a}{2.303RT}$$

式中，E_a 为反应的活化能[1]；R 为气体常数；T 为绝对温度。测定在不同温度时的 k 值，以 $\lg k$ 对 $1/T$ 作图可得一直线，其斜率为 $-E_a/2.303R$，即可求出反应的活化能 E_a。

【仪器与试剂】

1. 仪器

温度计，秒表，恒温水浴槽，烧杯（50mL、100mL），量筒（10mL、25mL），碱式滴定管（50mL），玻璃棒。

2. 试剂

$(NH_4)S_2O_8(0.2\,mol \cdot L^{-1})$[2]，$KI(0.2\,mol \cdot L^{-1})$，$Na_2S_2O_3(0.01\,mol \cdot L^{-1})$，淀粉溶液（0.2%），$KNO_3(0.2\,mol \cdot L^{-1})$，$(NH_4)_2SO_4(0.2\,mol \cdot L^{-1})$，$Cu(NO_3)_2$ $(0.02\,mol \cdot L^{-1})$。

【实验步骤】

1. 浓度对反应速率的影响

用量筒量取 $0.2\,mol \cdot L^{-1}$ KI 溶液 20mL，置于 100mL 烧杯中，用另一量筒加入 0.2% 淀粉溶液 4.0mL，再由碱式滴定管加入 $0.01\,mol \cdot L^{-1}$ $Na_2S_2O_3$ 溶液 8.0mL（滴定管用法详见第 2 章 2.7.4，滴定管及滴定操作），混匀。再用第三个量筒量 $0.2\,mol \cdot L^{-1}$ $(NH_4)S_2O_8$ 溶液 20mL 迅速倒入混合液中，同时开动秒表，并搅匀。注意观察，当溶液刚出现蓝色时，立即停表。记录反应时间 Δt 和室温温度于表 1 中。

用同样方法按表 1 中的用量进行另外四次实验。为了使每次实验中溶液的离子强度和总体积不变，不足的量分别用 $0.2\,mol \cdot L^{-1}$ $(NH_4)_2SO_4$ 溶液补足。算出各次实验的反应速率填入表中。

2. 温度对反应速率的影响

按表 1 实验编号Ⅳ中的用量，把 KI、$Na_2S_2O_3$、淀粉溶液、KNO_3 溶液加到 100mL 烧杯中，$(NH_4)_2S_2O_8$ 溶液加到另一 50mL 小烧杯中，然后将它们同时置于冰水浴中冷却到 0℃ 时，再把 $(NH_4)_2S_2O_8$ 溶液迅速倒入混合溶液中，同时开动秒表，不断搅匀。一旦溶液刚出现蓝色，立即停秒表。记录反应时间 Δt 和反应温度。

利用热水浴在高于室温 10℃、20℃、30℃ 左右的条件下,重复上述实验,数据填入表 2。

3. 催化剂对反应速率的影响

按表 1 实验编号 Ⅳ 的用量,向 KI 混合液中加入 $0.02 mol \cdot L^{-1} Cu(NO_3)_2$ 溶液 3 滴混合后,迅速加入 $0.2 mol \cdot L^{-1} (NH_4)_2 S_2 O_8$ 溶液,同时开动秒表,搅匀。一旦溶液刚出现蓝色时,立即停表,记录反应时间 Δt 数据填入表 3。并与没加入 $Cu(NO_3)_2$ 溶液的 Ⅳ 号反应时间进行比较,写出结论。

表 1　浓度对反应速率的影响

	实验编号	Ⅰ	Ⅱ	Ⅲ	Ⅳ	Ⅴ
	反应温度/℃					
试剂用量/mL	$0.20 mol \cdot L^{-1} (NH_4)_2 S_2 O_8$ 溶液	20	10	5	20	20
	$0.20 mol \cdot L^{-1}$ KI 溶液	20	20	20	10	5
	$0.01 mol \cdot L^{-1} Na_2 S_2 O_3$ 溶液	8	8	8	8	8
	0.2% 淀粉溶液	4	4	4	4	4
	$0.20 mol \cdot L^{-1} KNO_3$ 溶液	0	0	0	0	15
	$0.20 mol \cdot L^{-1} (NH_4)_2 SO_4$ 溶液	0	10	15	0	0
反应物的起始浓度/mol · L^{-1}	$(NH_4)_2 S_2 O_8$ 溶液					
	KI 溶液					
	$Na_2 S_2 O_3$ 溶液					
反应时间 Δt(秒)						
$S_2 O_8^{2-}$ 的浓度变化 $\Delta[S_2 O_8^{2-}](mol \cdot L^{-1})$						
反应的平均速率 $v = -\dfrac{\Delta[S_2 O_8^{2-}]}{\Delta t}$						
反应速率常数 $k = \dfrac{v}{[S_2 O_8^{2-}]^m [I^-]^n}$						

表 2　温度对反应速率的影响

实验序号	Ⅰ	Ⅱ	Ⅲ	Ⅳ
反应温度/℃				
反应时间/s				
反应速率 v				
反应速率常数 k				
lg$k$				
$1/T$				

表 3　催化剂对反应速率的影响

实验号	混合用量	加催化剂	反应时间 Δt	反应速率 v
1	同表 1"Ⅳ"	$0.02 mol \cdot L^{-1} Cu(NO_3)_2$ 3 滴		
2	同上	不加		

4. 数据处理

（1）反应级数的确定及速率常数的计算

作图法：用表1中Ⅰ、Ⅱ、Ⅲ的数据（I^-浓度不变），以$\lg v$为纵坐标，$\lg[S_2O_8^{2-}]$为横坐标，作图得一直线，其斜率为m；用Ⅰ、Ⅳ、Ⅴ的数据（$S_2O_8^{2-}$浓度不变），以$\lg v$为纵坐标，$\lg[I^-]$为横坐标，作图得一直线，其斜率为n。

将求出的m和n值代入下式计算速率常数k：

$$k = \frac{v}{[S_2O_8^{2-}]^m[I^-]^n}$$

（2）反应E_a的计算

以$\lg k$对$1/T$作图，求出斜率，计算出反应的活化能E_a，并分析误差产生的原因。

【附注】

[1] 由文献查得$S_2O_8^{2-} + 3I^- \rightleftharpoons 2SO_4^{2-} + I_3^-$的$E_a$为$56.7kJ \cdot mol^{-1}$。

[2] $(NH_4)_2S_2O_8$新鲜配制，其溶液pH应大于3，否则说明试剂已分解，不能使用。

【思考题】

1. 在每次实验中$Na_2S_2O_3$的用量如果不同，对本实验有无影响？

2. 下列情况对实验结果有何影响？

① 取用六种试剂的量筒没有分开专用。

② 先加（$NH_4)_2S_2O_8$溶液，最后加KI溶液。

③ 慢慢加入（$NH_4)_2S_2O_8$溶液。

【参考文献】

[1] 北京师范大学无机化学教研室等．无机化学实验．第3版．北京：高等教育出版社，2001．
[2] 大连理工大学无机化学教研室．无机化学实验．第2版．北京：高等教育出版社，2004．
[3] 武汉大学化学与分子科学学院实验中心．无机化学实验．第2版．武汉：武汉大学出版社，2012．
[4] 南京大学《无机及分析化学实验》编写组．无机及分析化学实验．第5版．北京：高等教育出版社，2015．

实验5　缓冲溶液的配制和性质

【实验目的】

1. 掌握缓冲溶液的配制方法。

2. 学会酸式滴定管的准确使用方法。

3. 学习吸量管的使用方法。

4. 掌握缓冲溶液的性质和缓冲容量与缓冲剂总浓度及其缓冲比的关系。

【实验原理】

人体体液（特别是血液）的 pH 能维持基本恒定（pH＝7.40±0.05），不受外加少量酸碱的影响。临床上各种酸中毒和碱中毒病例中，血液 pH 偏低或偏高都与血液中 CO_2 和 HCO_3^- 浓度有关系。但是在什么情况下，CO_2 或 $NaHCO_3$ 才能把溶液维持在 pH＝7.40 呢？美国哈佛大学医学院的 Henderson 等人发现，用 NaOH 滴定一定弱酸（例如醋酸）时，开始滴入少量 NaOH 会引起 pH 突然上升。但是这种变化渐渐变小，以至于有一段，加入少量 NaOH 时 pH 没有什么改变。这一段刚好在醋酸被中和一半的前后。过了这一段之后，再加一点 NaOH 就会引起 pH 再次上升。

这是一个把医学问题转换成化学问题进行科学研究的重要线索：当溶液中有一种酸和其盐共存时（特别是酸与盐的浓度相差不大时），是否溶液的 pH 就不易受外加少量酸碱的影响？CO_2（即 H_2CO_3）和 $NaHCO_3$ 也是这样来维持血液 pH 恒定的吗？

实验证明：由弱酸及其共轭碱或弱碱及其共轭酸（简称为共轭酸碱对）组成的溶液，具有一定的 pH，当加入少量的强酸、强碱或稍加稀释时，能保持其 pH 基本不变，这种溶液就叫做缓冲溶液。

缓冲溶液的配制主要是根据 Henderson 公式：

$$pH＝pK_a＋lg\frac{[B^-]}{[HB]} \tag{1}$$

由于 $[B^-]＝c_{B^-}V_{B^-}/V$，$[HB]＝c_{HB}V_{HB}/V$，代入（1）式得

$$pH＝pK_a＋lg\frac{c_{B^-}V_{B^-}}{c_{HB}V_{HB}} \tag{2}$$

式中，V 为缓冲溶液的总体积；V_B 和 V_{HB} 分别为共轭碱和共轭酸的体积；c_{B^-} 和 c_{HB} 分别为混合前共轭碱和共轭酸的物质的量浓度。

当 $c_{B^-}＝c_{HB}$，即在配制缓冲溶液时，若使用相同浓度的共轭酸和共轭碱时，则式（2）写成：

$$pH＝pK_a＋lg\frac{V_{B^-}}{V_{HB}} \tag{3}$$

利用式（2）或式（3）可以计算一定浓度和体积的共轭酸碱对组成的缓冲溶液的 pH；也可以与式（4）联立求解，分别算出 V_{B^-} 和 V_{HB} 的体积。

$$V＝V_{B^-}＋V_{HB} \tag{4}$$

根据计算用量可配一定 pH 的缓冲溶液。必须指出的是由式（3）计算所得的 pH 是近似的，这个式子中没有反映温度及离子强度的影响；因此，只用于温度和离子强度恒定的情况。

所有缓冲溶液的缓冲能力都有一定的限度，即各具有一定的缓冲容量。缓冲容量是衡量缓冲能力大小的尺度，它的大小与缓冲剂总浓度（注：$c_总 = [共轭酸] + [共轭碱]$）、缓冲比有关。缓冲剂总浓度越大，缓冲容量越大；缓冲比为1:1时，缓冲容量最大。

【仪器与试剂】

1. 仪器

酸式滴定管（50mL），移液管（10mL），烧杯（50mL，100mL），比色管（50mL），试管（带架），洗耳球。

2. 试剂

HAc（$1mol \cdot L^{-1}$、$0.1mol \cdot L^{-1}$），$NaAc$（$1mol \cdot L^{-1}$、$0.1mol \cdot L^{-1}$），NaH_2PO_4（$0.1mol \cdot L^{-1}$），Na_2HPO_4（$0.1mol \cdot L^{-1}$），$NaOH$（$2mol \cdot L^{-1}$、$0.1mol \cdot L^{-1}$），HCl（$0.1mol \cdot L^{-1}$），pH=7.40 $NaOH$溶液，pH=4的HCl溶液，甲基红指示剂，混合指示剂，广泛pH试纸，精密pH试纸，$0.1mol \cdot L^{-1}NaCl$。

混合指示剂：分别称取甲基黄300mg、甲基红200mg、酚酞100mg、麝香草酚蓝500mg、溴麝香草酚蓝400mg混合溶于500mL酒精中，逐滴加入$0.01mol \cdot L^{-1}NaOH$溶液，直至溶液呈橙黄色为止。

【实验步骤】

1. 缓冲溶液的配制

（1）计算配制 pH=4.0 缓冲溶液 20mL 所需的 $0.1mol \cdot L^{-1}HAc$ 溶液和 $0.1mol \cdot L^{-1}NaAc$ 溶液的用量（$pK_a = 4.75$）。根据计算用量，用吸量管分别移取一定体积的 HAc 溶液和 $NaAc$ 溶液置于50mL烧杯中，混匀；用pH试纸测定它的pH填入表1中（pH的计算值与实验测定值为何不相同？由哪些因素造成其差异？）保留缓冲溶液备用。

（2）计算配制 pH=7.40 的缓冲溶液 20mL 所需的 $0.1mol \cdot L^{-1}Na_2HPO_4$ 和 $0.1mol \cdot L^{-1}NaH_2PO_4$ 溶液的用量（$pK_{a2} = 7.21$）。用吸量管分别移取 Na_2HPO_4 溶液和 NaH_2PO_4 溶液置于50mL烧杯中，混匀；用精密pH试纸测定其pH填入表1中。保留缓冲溶液备用。

表1　缓冲溶液配制

缓冲溶液	pH	各组分的毫升数		pH测定值
烧杯甲	4.0	$0.1mol \cdot L^{-1}HAc$		
		$0.1mol \cdot L^{-1}NaAc$		
烧杯乙	7.4	$0.1mol \cdot L^{-1}NaH_2PO_4$		
		$0.1mol \cdot L^{-1}Na_2HPO_4$		

2. 缓冲溶液的性质

（1）缓冲溶液的抗酸碱作用

按表 2 所列的顺序，做如下实验。把所观察到的现象记入报告中，并解释产生各种现象的原因。

表 2　缓冲溶液的抗酸、抗碱作用

试管号	试液和指示剂用量	加酸或碱量	颜色变化
1	蒸馏水 2mL＋混合指示剂 1 滴	$0.10mol \cdot L^{-1}$ HCl 1 滴	
2	蒸馏水 2mL＋混合指示剂 1 滴	$0.10mol \cdot L^{-1}$ NaOH 1 滴	
3	自制缓冲液甲 2mL＋混合指示剂 1 滴	$0.10mol \cdot L^{-1}$ HCl 数滴	
4	自制缓冲液甲 2mL＋混合指示剂 1 滴	$0.10mol \cdot L^{-1}$ NaOH 数滴	
5	自制缓冲液乙 2mL＋混合指示剂 1 滴	$0.10mol \cdot L^{-1}$ HCl 数滴	
6	自制缓冲液乙 2mL＋混合指示剂 1 滴	$0.10mol \cdot L^{-1}$ NaOH 数滴	
7	$0.10mol \cdot L^{-1}$ NaCl 2mL＋混合指示剂 1 滴	$0.10mol \cdot L^{-1}$ HCl 1 滴	
8	$0.10mol \cdot L^{-1}$ NaOH 2mL＋混合指示剂 1 滴	$0.10mol \cdot L^{-1}$ NaOH 1 滴	

（2）缓冲溶液的抗稀释作用

按表 3 所列顺序，做如下实验。把所观察到的现象记入报告中，并解释产生现象的原因。

表 3　缓冲溶液的稀释

试管号	加缓冲溶液量	加蒸馏水量	加混合指示剂量	颜色变化
1		4mL	2 滴	
2	自制缓冲溶液乙 4mL		2 滴	
3	自制缓冲溶液乙 2mL	2mL	2 滴	
4	自制缓冲溶液乙 1mL	3mL	2 滴	

3. 缓冲容量

（1）缓冲容量与缓冲剂总浓度的关系

取两支比色管，在一管中加入 $0.1mol \cdot L^{-1}$ HAc 和 $0.1mol \cdot L^{-1}$ NaAc 各 5mL，在另一管中加入 $1mol \cdot L^{-1}$ HAc 和 $1mol \cdot L^{-1}$ NaAc 各 5mL，混匀后两管内溶液的 pH 是否相同？在两管中分别滴 2 滴甲基红指示剂，溶液呈什么颜色（甲基红指示剂在 pH＜4.4 时显红色，pH＞6.2 时显黄色），然后在两管中分别逐滴加入 $2mol \cdot L^{-1}$ NaOH 溶液（每加入 1 滴均需摇匀），直到溶液的颜色变成黄色。记录各管所加滴数填入表 4，解释所得结果。

表 4　缓冲容量与总浓度

试管号	溶液	加指示剂量	加 $2mol \cdot L^{-1}$ NaOH 的溶液滴数
1	5mL $0.1mol \cdot L^{-1}$ HAc ＋ 5mL $0.1mol \cdot L^{-1}$ NaAc	2 滴	
2	5mL $1mol \cdot L^{-1}$ HAc ＋5mL $1mol \cdot L^{-1}$ NaAc	2 滴	

（2）缓冲容量与缓冲比的关系

取两支 50mL 比色管，用吸量管在一支比色管中加入 0.1mol·L^{-1}Na$_2$HPO$_4$ 和 0.1 mol·L^{-1}NaH$_2$PO$_4$ 各 10mL；在另一支比色管中加入 18mL 0.1mol·L^{-1}Na$_2$HPO$_4$ 和 2mL 0.1mol·L^{-1}NaH$_2$PO$_4$，用 pH 试纸测定两溶液的 pH，然后用吸量管在每一支比色管中加入 18mL 0.1mol·L^{-1}NaOH 溶液，混匀再测 pH，按表 5 记录结果，解释原因。

表 5　缓冲容量与缓冲比

试管号	溶液	[HPO$_4^{2-}$]/[H$_2$PO$_4^-$]	pH	加 NaOH 后 pH
1	10mL Na$_2$HPO$_4$＋10mL NaH$_2$PO$_4$	1∶1		
2	18mL Na$_2$HPO$_4$＋ 2mL NaH$_2$PO$_4$	9∶1		

【思考题】

1. 配制缓冲溶液有两种方法，一种是按手册上的配方配制，一种是按要求的 pH 设计。两种方法有何区别？
2. Henderson 公式的近似性和适用范围是什么。
3. NaHCO$_3$ 溶液是否具有缓冲能力？为什么？

【参考文献】

[1] 大连理工大学无机化学教研室. 无机化学实验. 第 2 版. 北京：高等教育出版社，2004.
[2] 张雷，刘松艳，李政，张颖. 无机化学实验. 北京：科学出版社，2017.

实验 6　醋酸电离度与平衡常数的测定

【实验目的】

1. 学习测定弱酸电离度和平衡常数的原理和方法。
2. 学习使用酸度计并掌握其测试技术。
3. 学习移液管、吸量管和容量瓶的基本操作。

【实验原理】

醋酸（CH$_3$COOH 可简化书写成 HAc）是弱电解质，在水溶液中存在下列电离平衡：

$$HAc \rightleftharpoons H^+ + Ac^-$$

若 c 为 HAc 的起始浓度，[H$^+$]、[Ac$^-$] 和 [HAc] 分别为 H$^+$、Ac$^-$ 和 HAc 的平衡浓度，α 为电离度，K_α 为 HAc 电离平衡常数，则：

$$\alpha = \frac{[H^+]}{c} \times 100\% \qquad K_\alpha = \frac{[H^+][Ac^{-1}]}{[HAc]} = \frac{[H^+]^2}{c - [H^+]}$$

当 α 小于 5% 时，$c-[H^+] \approx c$，所以 $K_a \approx \dfrac{[H^+]^2}{c}$

根据以上关系，只要测定已知浓度 HAc 溶液的 pH，就可算出 $[H^+]$，从而可以计算该 HAc 溶液的电离度和平衡常数。本实验用酸度计来测量 HAc 溶液的 pH。

【仪器与试剂】

1. 仪器

碱式滴定管（50mL），锥形瓶（250mL），容量瓶（50mL），烧杯（100mL），酸度计，温度计。

2. 试剂

HAc($0.2mol \cdot L^{-1}$)，NaOH 标准溶液（$0.2mol \cdot L^{-1}$），未知弱酸溶液，标准缓冲液（pH＝4.00，pH＝6.86，25℃），酚酞指示剂。

【实验步骤】

1. 配制不同浓度的 HAc 溶液

用移液管或吸量管准确移取 2.50mL、5.00mL、25.00mL 已测得准确浓度的 HAc 溶液，分别加入 3 只 50mL 容量瓶中，用蒸馏水稀释至刻度，摇匀，并计算出三个容量瓶中 HAc 溶液的准确浓度。将溶液从稀到浓排序编号为：1、2、3，原溶液为 4 号。

2. 测定 HAc 溶液的 pH

用四个干燥的 50mL 烧杯，分别取 25mL 上述四种不同浓度的 HAc 溶液。按由稀到浓的次序在酸度计上分别测定它们的 pH，记录数据和温度，将测得的数据和计算结果填写在表 1 中。（酸度计的用法详见第 3 章 3.3 酸度计）。

表 1 不同浓度的 HAc 溶液 pH

溶液编号	$c/mol \cdot L^{-1}$	pH	$[H^+]/mol \cdot L^{-1}$	$\alpha(\%)$	电离常数 K_a	
					测定值	平均值
1						
2						
3						
4						

K_a 值在 $1.0 \times 10^{-5} \sim 2.0 \times 10^{-5}$ 范围内合格（文献值 25℃时 1.76×10^{-5}）

3. 未知弱酸电离平衡常数的测定

取 10.00mL 未知一元弱酸的稀溶液，用 NaOH 溶液滴定到终点。然后再加 10.00mL 该弱酸溶液，混合均匀，测其 pH。计算该弱酸的电离平衡常数。

【思考题】

1. 改变所测 HAc 溶液的浓度或温度，则电离度和电离常数相对于室温测定值有无变化？若有变化，将会怎样变化？

2. 若所用 HAc 溶液的浓度极稀，是否能用 $K_a \approx \dfrac{[H^+]^2}{c}$ 求电离常数？为什么？

3. 使用酸度计测溶液的 pH 的操作步骤有哪些？

4. 在本实验中，测定 HAc 的 K_a 值时，溶液的浓度必须精确测定；而测定未知酸的 K_a 值时，酸和碱的浓度都不必测定，只要正确掌握滴定终点即可，为什么？

【参考文献】

[1] 北京师范大学无机化学教研室等. 无机化学实验. 第 3 版. 北京：高等教育出版社，2001.

[2] 南京大学《无机及分析化学实验》编写组. 无机及分析化学实验. 第 5 版. 北京：高等教育出版社，2015.

[3] 张雷，刘松艳，李政，张颖. 无机化学实验. 北京：科学出版社，2017.

[4] 大连理工大学无机化学教研室. 无机化学实验. 第 2 版. 北京：高等教育出版社，2004.

实验 7　配位化合物和沉淀溶解平衡

【实验目的】

1. 加深理解配合物的组成和稳定性，了解配合物形成时的特征。
2. 加深理解沉淀溶解平衡和溶度积的概念，掌握溶度积规则及其应用。
3. 初步学习利用沉淀反应和配位溶解的方法分离常见混合阳离子。
4. 学习电动离心机的使用和固液分离操作。

【实验原理】

1. 配位化合物与配位平衡

配位化合物（配合物）是由中心离子或原子（又称为形成体）与一定数目的配位体（负离子或中性分子）以配位键结合而形成的一类复杂化合物，是路易斯（Lewis）酸和路易斯（Lewis）碱的加合物。配合物的内界与外界之间以离子键结合，在水溶液中完全解离。配位单元在水溶液中分步解离，其行为类似于弱电解质。在一定条件下，中心离子、配位体和配位单元间达到配位平衡，例如：

$$Fe^{3+} + nSCN^- \rightleftharpoons [Fe(SCN)_n]^{3-n}$$

相应反应的标准平衡常数 $K_f^{\ominus}$ 称为配合物的稳定常数。对于相同类型的配合物，$K_f^{\ominus}$ 数值愈大，配合物就愈稳定。

配合物形成时往往伴随溶液颜色、酸碱性（即 pH）、难溶电解质溶解度、中心离子氧化还原性的改变等特征。

2. 沉淀-溶解平衡

一定温度下，难溶电解质与溶液中相应离子间的沉淀—溶解平衡可表示为：

$$A_m B_n(s) \rightleftharpoons mA^{n+}(aq) + nB^{m-}(aq)$$

其溶度积常数为

$$K_{sp}^{\ominus}(A_mB_n) = [c(A^{n+})/c^{\ominus}]^m[c(B^{m-})/c^{\ominus}]^n$$

$K_{sp}^{\ominus}$ 值的大小既可以反映难溶电解质在溶液中的溶解程度（$K_{sp}^{\ominus}$ 值大，难溶电解质溶解趋势大；$K_{sp}^{\ominus}$ 值小，难溶电解质溶解趋势小）；也可表示难溶电解质在溶液中生成沉淀的难易（$K_{sp}^{\ominus}$ 小易沉淀，$K_{sp}^{\ominus}$ 大难沉淀）。

沉淀的生成和溶解可以根据溶度积规则来判断：

$Q > K_{sp}^{\ominus}$，有沉淀析出，平衡向左移动；

$Q = K_{sp}^{\ominus}$，处于平衡状态，溶液为饱和溶液；

$Q < K_{sp}^{\ominus}$，无沉淀析出，或平衡向右移动，原来的沉淀溶解。

溶液 pH 的改变、配合物的形成或发生氧化还原反应，往往会引起难溶电解质溶解度的改变。

对于相同类型的难溶电解质，可以根据其 $K_{sp}^{\ominus}$ 的相对大小判断沉淀的先后顺序。对于不同类型的难溶电解质，则要根据计算所需沉淀试剂浓度的大小来判断沉淀的先后顺序。

两种沉淀间相互转化的难易程度要根据沉淀转化反应的标准平衡常数确定。

利用沉淀反应和配位溶解可以分离溶液中的某些离子。

【仪器与试剂】

1. 仪器

点滴板，试管，试管架，石棉网，煤气灯，电动离心机，pH 试纸。

2. 试剂

NaOH（$0.1mol \cdot L^{-1}$），$NH_3 \cdot H_2O$（$2mol \cdot L^{-1}$，$6mol \cdot L^{-1}$），HCl（$6mol \cdot L^{-1}$，$2mol \cdot L^{-1}$），HNO_3（$6mol \cdot L^{-1}$），H_2O_2（3%），KBr（$0.1mol \cdot L^{-1}$），KI（$0.001mol \cdot L^{-1}$，$0.1mol \cdot L^{-1}$），K_2CrO_4（$0.1mol \cdot L^{-1}$），KSCN（$0.1mol \cdot L^{-1}$），NaF（$0.1mol \cdot L^{-1}$），NaCl（$0.1mol \cdot L^{-1}$），Na_2S（$0.1mol \cdot L^{-1}$），Na_2H_2Y（$0.1mol \cdot L^{-1}$），$Na_2S_2O_3$（$1mol \cdot L^{-1}$），NH_4Cl（$1mol \cdot L^{-1}$），$MgCl_2$（$0.1mol \cdot L^{-1}$），$CaCl_2$（$0.1mol \cdot L^{-1}$），$Pb(NO_3)_2$（$0.1mol \cdot L^{-1}$，$0.001mol \cdot L^{-1}$），$CoCl_2$（$0.1mol \cdot L^{-1}$），$FeCl_3$（$0.1mol \cdot L^{-1}$），$AgNO_3$（$0.1mol \cdot L^{-1}$），$NiSO_4$（$0.1mol \cdot L^{-1}$），$NH_4Fe(SO_4)_2$（$0.1mol \cdot L^{-1}$），$K_3[Fe(CN)_6]$（$0.1mol \cdot L^{-1}$），$BaCl_2$（$0.1mol \cdot L^{-1}$），$CuSO_4$（$0.1mol \cdot L^{-1}$），丁二酮肟。

【实验步骤】

1. 配合物稳定性的比较

在盛有 10 滴 $0.1mol \cdot L^{-1} AgNO_3$ 溶液的离心试管中，加入 10 滴 $0.1mol \cdot L^{-1} NaCl$ 溶液，离心分离除去上层清液，然后在该试管中按下列的次序进行试验。

a. 滴加 $6mol \cdot L^{-1}$ 氨水（不断摇动试管）至沉淀刚好溶解。

b. 加 10 滴 $0.1mol \cdot L^{-1} KBr$ 溶液，有何沉淀生成？

c. 除去上层清液，滴加 $1mol \cdot L^{-1} Na_2S_2O_3$ 溶液至沉淀溶解。

d. 滴加 $0.1mol \cdot L^{-1} KI$ 溶液，又有何沉淀生成？

写出以上各反应的方程式，并根据实验现象比较：a. $[Ag(NH_3)_2]^+$、$[Ag(S_2O_3)_2]^{3-}$ 的稳定性大小；b. AgCl、AgBr、AgI 的 $K_{sp}^{\ominus}$ 的大小。

2. 配合物的形成与颜色变化

（1）在 2 滴 $0.1mol \cdot L^{-1} FeCl_3$ 溶液中，加 1 滴 $0.1mol \cdot L^{-1} KSCN$ 溶液，观察现象。再加入几滴 $0.1mol \cdot L^{-1} NaF$ 溶液，观察有什么变化。写出反应方程式。

（2）在 $0.1mol \cdot L^{-1} K_3[Fe(CN)_6]$ 溶液和 $0.1mol \cdot L^{-1} NH_4Fe(SO_4)_2$ 溶液中分别滴加 $0.1mol \cdot L^{-1} KSCN$ 溶液，观察是否有变化。

（3）在 $0.1mol \cdot L^{-1} CuSO_4$ 溶液中滴加 $6mol \cdot L^{-1} NH_3 \cdot H_2O$ 至过量，然后将溶液分为两份，分别加入 $0.1mol \cdot L^{-1} NaOH$ 溶液和 $0.1mol \cdot L^{-1} BaCl_2$ 溶液，观察现象，写出有关的反应方程式。

（4）在 2 滴 $0.1mol \cdot L^{-1} NiSO_4$ 溶液中，逐滴加入 $6mol \cdot L^{-1} NH_3 \cdot H_2O$，观察现象。然后再加入 2 滴丁二酮肟试剂，观察生成物的颜色和状态。

3. 配合物形成时溶液 pH 的改变

取一条完整的 pH 试纸，在它的一端滴上半滴 $0.1mol \cdot L^{-1} CaCl_2$ 溶液，记下被 $CaCl_2$ 溶液浸润处的 pH，待 $CaCl_2$ 溶液不再扩散时，在距离 $CaCl_2$ 溶液扩散边缘 $0.5 \sim 1.0cm$ 干试纸处，滴上半滴 $0.1mol \cdot L^{-1} Na_2H_2Y$ 溶液，待 Na_2H_2Y 溶液扩散到 $CaCl_2$ 溶液区形成重叠时，记下重叠与未重叠处的 pH。说明 pH 变化的原因，写出反应方程式。

4. 配合物形成时中心离子氧化还原性的改变

（1）在 $0.1mol \cdot L^{-1} CoCl_2$ 溶液中滴加 3％的 H_2O_2，观察有无变化。

（2）在 $0.1mol \cdot L^{-1} CoCl_2$ 溶液中加几滴 $1mol \cdot L^{-1} NH_4Cl$ 溶液，再滴加 $6mol \cdot L^{-1} NH_3 \cdot H_2O$，观察现象。然后滴加 3％的 H_2O_2，观察溶液颜色的变化。写出有关的反应方程式。

由上述（1）和（2）两个实验可以得出什么结论？

5. 沉淀的生成与溶解

（1）在试管中加 $1mL$ $0.1mol \cdot L^{-1} Pb(NO_3)_2$ 溶液，再加入 $1mL$ $0.1mol \cdot L^{-1} KI$ 溶液，观察有无沉淀生成？试用溶度积规则解释。改用 $0.001mol \cdot L^{-1} Pb(NO_3)_2$ 溶液和 $0.001mol \cdot L^{-1} KI$ 溶液进行实验，观察现象。试用溶度积规则解释。

（2）在 2 支试管中各加入 1 滴 $0.1mol \cdot L^{-1} Na_2S$ 溶液和 1 滴 $0.1mol \cdot L^{-1} Pb(NO_3)_2$ 溶液，观察现象。在 1 支试管中加 $6mol \cdot L^{-1} HCl$，另 1 支试管中加 $6mol \cdot L^{-1} HNO_3$，摇荡试管，观察现象。写出反应方程式。

（3）在 2 支试管中各加入 $0.5mL$ $0.1mol \cdot L^{-1} MgCl_2$ 溶液和数滴 $2mol \cdot L^{-1} NH_3 \cdot H_2O$ 溶液至沉淀生成。在第 1 支试管中加入几滴 $2mol \cdot L^{-1} HCl$ 溶液，观察沉淀是否溶解；在另 1 支试管中加入数滴 $1mol \cdot L^{-1} NH_4Cl$ 溶液，观察沉淀是否溶解。写出有关反应方程式，并解释每步实验现象。

6. 分步沉淀

(1) 在试管中加入 1 滴 0.1mol·L⁻¹ Na₂S 溶液和 1 滴 0.1mol·L⁻¹ K₂CrO₄ 溶液，用去离子水稀释至 5mL，摇匀。先加入 1 滴 0.1mol·L⁻¹ Pb(NO₃)₂ 溶液，摇匀，观察沉淀的颜色，离心分离；然后再向清液中继续滴加 Pb(NO₃)₂ 溶液，观察此时生成沉淀的颜色。写出反应方程式，并说明判断两种沉淀先后析出的理由。

(2) 在试管中加入 2 滴 0.1mol·L⁻¹ AgNO₃ 溶液和 1 滴 0.1mol·L⁻¹ Pb(NO₃)₂ 溶液，用去离子水稀释至 5mL，摇匀。逐滴加入 0.1mol·L⁻¹ K₂CrO₄ 溶液（注意，每加 1 滴，都要充分摇荡），观察现象。写出反应方程式，并解释之。

7. 沉淀的转化

在 6 滴 0.1mol·L⁻¹ AgNO₃ 溶液中加 3 滴 0.1mol·L⁻¹ K₂CrO₄ 溶液，观察现象。再逐滴加入 0.1mol·L⁻¹ NaCl 溶液，充分摇荡，观察有何变化。写出反应方程式，并计算沉淀转化反应的标准平衡常数 $K^{\ominus}$。

【思考题】

1. 比较 $[FeCl_4]^-$、$[Fe(NCS)_6]^{3-}$ 和 $[FeF_6]^{3-}$ 的稳定性。

2. 比较 $[Ag(NH_3)_2]^+$ 和 $[Ag(S_2O_3)_2]^{3-}$ 的稳定性。

3. 如何正确地使用电动离心机？

【参考文献】

[1] 大连理工大学无机化学教研室. 无机化学实验. 第 2 版. 北京：高等教育出版社，2004.
[2] 北京师范大学无机化学教研室等. 无机化学实验. 第 3 版. 北京：高等教育出版社，2001.
[3] 武汉大学化学与分子科学学院实验中心. 无机化学实验. 第 2 版. 武汉：武汉大学出版社，2012.
[4] 南京大学《无机及分析化学实验》编写组. 无机及分析化学实验. 第 5 版. 北京：高等教育出版社，2015.

实验 8　氧化还原反应与电极电位的比较

【实验目的】

1. 了解电极电位与氧化还原反应方向的关系，了解反应物浓度和介质酸度对氧化还原反应的影响。

2. 学习酸度计测定原电池电动势的方法。

【实验原理】

氧化还原反应是氧化剂和还原剂之间发生电子转移的过程。氧化剂在反应中得到电子，还原剂失去电子。这种得失电子能力的大小或氧化还原能力的强弱，可用它们的氧化态与还原态所组成的电对，如 Cl_2/Cl^-，Br_2/Br^-，I_2/I^-，Fe^{3+}/Fe^{2+} 等的电极电位的相对高低来衡量。一个电对的电极电位的代数值越大，其氧化态的氧化能力越强，其还原态的还原能力越弱；反之亦然。所以根据电极电位（φ）的大小，便可判断一个氧化还原反应进行的方向。例如：$\varphi(Cl_2/Cl^-) = +1.358V$，$\varphi(Br_2/Br^-) = +0.535V$，$\varphi(Fe^{3+}/Fe^{2+}) = +0.77V$，所以在下列反应中：

$$2Fe^{3+} + 2I^- \Longrightarrow 2Fe^{2+} + I_2 \tag{1}$$

$$2Fe^{3+} + 2Br^- \Longrightarrow 2Fe^{2+} + Br_2 \tag{2}$$

$$2Br^- + Cl_2 \Longrightarrow Br_2 + 2Cl^- \tag{3}$$

式（1）应向右进行，式（2）应向左进行，式（3）应向右进行。即氧化态的氧化能力依次：$Cl_2 > Br_2 > Fe^{3+} > I_2$，还原态的还原能力为 $I^- > Fe^{2+} > Br^- > Cl^-$。

浓度与电极电位的关系可由能斯特方程表示：

$$298K\ 时，\varphi = \varphi^{\ominus} + \frac{0.05916}{n}\lg\frac{[氧化态]}{[还原态]}$$

[氧化态] 和 [还原态] 浓度的改变都会影响其电极电位的大小。特别是当有沉淀剂或配位剂存在，能够大大减少某一离子浓度时，对氧化还原反应的方向，速率和产物都会产生影响。有些氧化还原反应中，有 H^+ 参加，这时介质的酸度也会对 φ 值产生影响。例如对于半电池反应：

$$MnO_4^- + 8H^+ + 5e^- \Longrightarrow Mn^{2+} + 4H_2O$$

$$\varphi = \varphi^{\ominus}(MnO_4^-/Mn^{2+}) + \frac{0.05916}{5}\lg\frac{[MnO_4^-][H^+]^8}{[Mn^{2+}]}$$

$[H^+]$ 增大，可使 MnO_4^- 氧化性增强。

单独的电极电位是无法测量的，只能从实验中测量两个电对组成的原电池的电动势。在一定条件下一个原电池的电动势 E 为正、负电极的电极电位之差：

$$E = \varphi^+ - \varphi^-$$

准确的电动势是用对消法在电位差计上测量的。本实验只用酸度计进行近似测量。

【仪器与试剂】

仪器：酸度计 PHS-2 型，试管，试管架，烧杯（50mL），铜电极，锌电极，玻璃棒，盐桥。

试剂：$KMnO_4$（$0.01mol \cdot L^{-1}$），KI（$0.1mol \cdot L^{-1}$），KBr（$0.1mol \cdot L^{-1}$），$FeCl_3$（$0.1mol \cdot L^{-1}$），$SnCl_2$（$0.1mol \cdot L^{-1}$），$Na_2S_2O_3$（$0.1mol \cdot L^{-1}$），H_2O_2（3%），H_2SO_4（$3mol \cdot L^{-1}$），HAc（$6mol \cdot L^{-1}$），NaOH（$6mol \cdot L^{-1}$），$CuSO_4$（$0.5mol \cdot L^{-1}$），$ZnSO_4$（$0.01mol \cdot L^{-1}$），$NH_3 \cdot H_2O$（浓），Br_2 水（饱和），I_2 水（饱和），$HgCl_2$（$0.1mol \cdot L^{-1}$），CCl_4，Cl_2 水（饱和）。

【实验步骤】

1. 常见的氧化剂和还原剂

（1）$KMnO_4$ 的氧化性　在试管中加入 $0.01mol \cdot L^{-1} KMnO_4$ 溶液 10 滴及 $3mol \cdot L^{-1}$ H_2SO_4 溶液 5 滴酸化，然后逐滴加入 3% H_2O_2 溶液，振荡试管并观察现象，解释现

象并写出反应方程式。

（2）H_2O_2 的氧化性　在试管中加入 $0.1mol \cdot L^{-1}KI$ 溶液 10 滴及 $3mol \cdot L^{-1}H_2SO_4$ 溶液 5 滴酸化，再逐滴加入 3% H_2O_2 溶液，边加边摇。观察现象并解释原因，写出反应方程式。

（3）$SnCl_2$ 的还原性　在试管中加入 $0.1mol \cdot L^{-1}HgCl_2$ 溶液 5 滴，再加入 $0.2mol \cdot L^{-1}$ $SnCl_2$ 溶液 2 滴，观察生成沉淀的颜色，写出反应式。继续滴加 $SnCl_2$，观察沉淀颜色的变化，解释现象，写出反应方程式。

2. 电极电位与氧化还原反应的关系

（1）在试管中加入 10 滴 $0.1mol \cdot L^{-1}KI$ 溶液和 5 滴 $0.1mol \cdot L^{-1}FeCl_3$ 溶液，摇匀后加入 10 滴 CCl_4。充分振荡，观察 CCl_4 液层颜色有无变化（I_2 在 CCl_4 中呈紫红色）？

（2）用 $0.1mol \cdot L^{-1}KBr$ 溶液代替 KI 溶液进行同样实验，观察现象（Br_2 在 CCl_4 中呈棕色）。

（3）在试管中先加入 10 滴 $0.1mol \cdot L^{-1}KBr$ 溶液，然后再加入氯水 4～5 滴，摇匀后，加入 10 滴 CCl_4，充分摇荡，观察 CCl_4 液层颜色有无变化。

根据上述实验现象写出反应方程式，并定性比较 Cl_2/Cl^-，Br_2/Br^-，I_2/I^-，Fe^{3+}/Fe^{2+} 四个电对电极电位的相对高低。

3. 酸度对氧化还原反应的影响

（1）在 2 支各盛有 $0.1mol \cdot L^{-1}KBr$ 溶液 10 滴的试管中，分别加入 $3mol \cdot L^{-1}H_2SO_4$ 溶液 5 滴和 $6mol \cdot L^{-1}HAc$ 溶液 5 滴，然后各加入 $0.01mol \cdot L^{-1}KMnO_4$ 溶液 2 滴，观察并比较两试管中紫色溶液褪色的快慢，写出反应方程式并解释原因。

（2）在 3 支各盛有 $0.2mol \cdot L^{-1}Na_2SO_3$ 溶液 10 滴的试管中，分别加入 $3mol \cdot L^{-1}$ H_2SO_4 溶液、蒸馏水和 $6mol \cdot L^{-1}NaOH$ 溶液各 10 滴，混匀后，再各加入 $0.01mol \cdot L^{-1}$ $KMnO_4$ 溶液 2 滴，观察颜色的变化，解释现象并写出反应式。

4. 浓度对电极电位的影响——测定原电池电动势

（1）往 2 只小烧杯中分别加入 $0.5mol \cdot L^{-1}CuSO_4$ 溶液和 $0.5mol \cdot L^{-1}ZnSO_4$ 溶液各 20mL，再分别插入 Cu 电极和 Zn 电极，装好盐桥[1]。用酸度计测定该原电池的电动势 E。

（2）往 $CuSO_4$ 溶液中，按下述反应加入需要量的浓 $NH_3 \cdot H_2O$，搅拌析出沉淀后，再滴加浓 $NH_3 \cdot H_2O$ 使沉淀恰好溶解，测定其电动势 E_1。

$$2CuSO_4 + 2NH_3 \cdot H_2O \Longrightarrow Cu_2(OH)_2SO_4 \downarrow + (NH_4)_2SO_4$$

$$Cu_2(OH)_2SO_4 + 8NH_3 \cdot H_2O \Longrightarrow 2[Cu(NH_3)_4]^{2+} + 2OH^- + SO_4^{2-} + 8H_2O$$

（3）用与（2）相同的方法，保持 $CuSO_4$ 溶液浓度不变，加浓 $NH_3 \cdot H_2O$ 于 $ZnSO_4$ 溶液中，测定其电动势 E_2。

$$ZnSO_4 + 2NH_3 \cdot H_2O \Longrightarrow Zn(OH)_2 \downarrow + (NH_4)_2SO_4$$

$$Zn(OH)_2 + 4NH_3 \cdot H_2O \Longrightarrow [Zn(NH_3)_4]^{2+} + 2OH^- + 4H_2O$$

由上述（1）、（2）和（3）试验，说明浓度对电极电位的影响。

【附注】

［1］盐桥的制法：称取 1g 琼脂，放在 100mL 饱和的 KCl 溶液中浸泡一会，加热煮成糊状，趁热倒入 U 形玻璃管（里面不能留有气泡）中，冷却后即成。不用时应放在饱和 KCl 溶液中浸泡。

【思考题】

1. 为什么 MnO_4^- 能氧化浓盐酸中的 Cl^-，而不是氧化氯化钠中的 Cl^-？

2. 酸度对 Cl_2/Cl^-，Br_2/Br^-，I_2/I^-，Fe^{3+}/Fe^{2+}，Cu^{2+}/Cu，Zn^{2+}/Zn 电对的电极电位有无影响？为什么？

3. 若用适量溴水、碘水分别与同浓度的 $FeSO_4$ 溶液反应，估计 CCl_4 液层中的颜色。

4. 根据能斯特方程说明浓度对电极电位的影响。

【参考文献】

［1］ 北京师范大学无机化学教研室等．无机化学实验．第 3 版．北京：高等教育出版社，2001.
［2］ 大连理工大学无机化学教研室．无机化学实验．第 2 版．北京：高等教育出版社，2004.
［3］ 武汉大学化学与分子科学学院实验中心．无机化学实验．第 2 版．武汉：武汉大学出版社，2012.
［4］ 南京大学《无机及分析化学实验》编写组．无机及分析化学实验．第 5 版．北京：高等教育出版社，2015.

实验 9　硫酸亚铁铵的制备

【实验目的】

1. 了解复盐的一般特性。
2. 学习复盐（NH_4）$_2SO_4 \cdot FeSO_4 \cdot 6H_2O$ 的制备方法。
3. 熟练掌握水浴加热、过滤、蒸发、结晶等基本无机制备操作。
4. 学习产品纯度的检验方法。
5. 了解用目测比色法检验产品的质量等级。

【实验原理】

硫酸亚铁铵（NH_4）$_2SO_4 \cdot FeSO_4 \cdot 6H_2O$ 商品名为莫尔盐，为浅蓝绿色单斜晶体。一般亚铁盐在空气中易被氧化，而硫酸亚铁铵在空气中比一般亚铁盐要稳定，不易被氧化，并且价格低，制造工艺简单，容易得到较纯净的晶体，因此应用广泛。在定量分析中常用来配制亚铁离子的标准溶液。

和其他复盐一样，（NH_4）$_2SO_4 \cdot FeSO_4 \cdot 6H_2O$ 在水中的溶解度比组成它的每一

组分 $FeSO_4$ 或（NH_4）$_2SO_4$ 的溶解度都要小。利用这一特点，可通过蒸发浓缩 $FeSO_4$ 与（NH_4）$_2SO_4$ 溶于水所制得的浓混合溶液制取硫酸亚铁铵晶体。三种盐的溶解度数据列于表 1。

表 1　三种盐的溶解度（单位为 $g/100g\ H_2O$）

温度/℃	$FeSO_4$	（NH_4）$_2SO_4$	（NH_4）$_2SO_4 \cdot FeSO_4 \cdot 6H_2O$
10	20.0	73.0	17.2
20	26.5	75.4	21.6
30	32.9	78.0	28.1

本实验先将铁屑溶于稀硫酸生成硫酸亚铁溶液：$Fe + H_2SO_4 \rightleftharpoons FeSO_4 + H_2 \uparrow$

再往硫酸亚铁溶液中加入硫酸铵并使其全部溶解，加热浓缩制得的混合溶液，再冷却即可得到溶解度较小的硫酸亚铁铵晶体。$FeSO_4 +$（NH_4）$_2SO_4 + 6H_2O \rightleftharpoons$（$NH_4$）$_2SO_4 \cdot FeSO_4 \cdot 6H_2O$

用目视比色法可估计产品中所含杂质 Fe^{3+} 的量。Fe^{3+} 与 SCN^- 能生成红色物质 $[Fe(SCN)]^{2+}$，红色深浅与 Fe^{3+} 相关。将所制备的硫酸亚铁铵晶体与 KSCN 溶液在比色管中配制成待测溶液，将它所呈现的红色与含一定 Fe^{3+} 量所配制成的标准 $[Fe(SCN)]^{2+}$ 溶液的红色进行比较，确定待测溶液中杂质 Fe^{3+} 的含量范围，确定产品等级。

【仪器与试剂】

1. 仪器

电子天平，量筒（10mL，50mL），烧杯（50mL），锥形瓶（250mL），蒸发皿（60mL），比色管（25mL），比色架，玻璃棒，铁架台，酒精灯，三脚架，石棉网，胶头滴管，药匙，吸滤瓶，布氏漏斗。

2. 试剂

H_2SO_4（$3mol \cdot L^{-1}$），HCl（$3mol \cdot L^{-1}$），KSCN（w 为 25%），Fe 屑（本实验中亦可以铁粉替代），（NH_4）$_2SO_4$（s）。

【实验步骤】

1. $FeSO_4$ 的制备

往盛有 Fe 屑[1] 的锥形瓶中加入 15mL $3mol \cdot L^{-1} H_2SO_4$，水浴加热（通风橱中进行）至不再有气泡放出。反应过程中适当补加水[2]，以保持原体积。趁热过滤。用少量热水洗涤锥形瓶及漏斗上的残渣，抽干。将滤液转移至洁净的蒸发皿中，将留在锥形瓶内和滤纸上的残渣收集在一起用滤纸片吸干后称重，由已反应的 Fe 屑质量算出溶液中生成的 $FeSO_4$ 的量。

2. （NH_4）$_2SO_4 \cdot FeSO_4 \cdot 6H_2O$ 的制备

根据溶液中 $FeSO_4$ 的量，按反应方程式计算并称取所需（NH_4）$_2SO_4$ 固体的质量[3]，加入上述制得的 $FeSO_4$ 溶液中。小火加热，搅拌使 $(NH_4)_2SO_4$ 全部溶解，并用 $3mol \cdot L^{-1}$ H_2SO_4 溶液调节至 pH 为 1～2，继续小火蒸发[4]、浓缩至表面出现结晶薄膜[5] 为止（蒸发过程不宜搅动溶液）。静置，使之缓慢冷却，$(NH_4)_2SO_4 \cdot FeSO_4 \cdot 6H_2O$ 晶体析出，减压过滤除去母液，并用少量 95％乙醇洗涤晶体，抽干[6]。将晶体取出，摊在两张吸水纸之间，轻压吸干。

观察晶体的颜色和形状。称重，计算产率。

3. 产品检验 [Fe(Ⅲ) 的限量分析]

（1）Fe(Ⅲ) 标准溶液的配制　称取 0.8634g $NH_4Fe(SO_4)_2 \cdot 12H_2O$，溶于少量水中，加 2.5mL 浓 H_2SO_4，移入 1000mL 容量瓶中，用水稀释至刻度。此溶液含 Fe^{3+} 为 $0.1000mg \cdot mL^{-1}$。

（2）标准色阶的配制　取 0.50mL Fe(Ⅲ) 标准溶液于 25mL 比色管中，加 2mL $3mol \cdot L^{-1}$ HCl 和 1mL 25％的 KSCN 溶液，用蒸馏水稀释至刻度，摇匀，配制成 Fe 标准液（含 Fe^{3+} 为 0.05mg）。

同样，分别取 1.00mL Fe(Ⅲ) 和 2.00mL Fe(Ⅲ) 标准溶液，配制成 Fe 标准液（含 Fe^{3+} 分别为 0.10mg、0.20mg）。

（3）产品级别的确定　称取 1.0g 产品于 25mL 比色管中，用 15mL 去离子水溶解，再加入 2mL $3mol \cdot L^{-1}$ HCl 和 1mL25％KSCN 溶液，加水稀释至 25mL，摇匀。与标准色阶进行目视比色，确定产品级别。

此产品分析方法是将成品配制成溶液并与各标准溶液进行比色，以确定杂质含量范围。如果成品溶液的颜色不深于标准溶液，则认为杂质含量低于某一规定限度，所以这种分析方法称为限量分析。

【附注】

[1] 不必将所有铁屑溶解完，实验时溶解大部分铁屑即可。

[2] 酸溶时要注意分次补充少量水，以防止 $FeSO_4$ 析出。

[3] 注意计算 $(NH_4)_2SO_4$ 的用量。

[4] 硫酸亚铁铵的制备：加入硫酸铵后，应搅拌使其溶解后再往下进行。加热要小火，防止失去结晶水。

[5] 蒸发浓缩初期要不停搅拌，但要注意观察晶膜，一旦发现晶膜出现即停止搅拌。

[6] 最后一次抽滤时，注意将滤饼压实，不能用蒸馏水或母液洗晶体。

【思考题】

1. 为什么硫酸亚铁铵在定量分析中可以用来配制亚铁离子的标准溶液？

2. 本试验利用什么原理来制备硫酸亚铁铵？

3. 如何利用目视法来判断产品中所含杂质 Fe^{3+} 的量？

4. Fe 屑中加入 H_2SO_4 水浴加热至不再有气泡放出时，为什么要趁热过滤？

5. $FeSO_4$ 溶液中加入 $(NH_4)_2SO_4$ 全部溶解后，为什么要调节至 pH 为 1～2？

6. 蒸发浓缩至表面出现结晶薄膜后，为什么要缓慢冷却后再减压抽滤？

7. 洗涤晶体时为什么用 95％乙醇而不用水洗涤晶体？

【参考文献】

[1] 北京师范大学无机化学教研室等. 无机化学实验. 第 3 版. 北京：高等教育出版社，2001.

[2] 武汉大学化学与分子科学学院实验中心. 无机化学实验. 第 2 版. 武汉：武汉大学出版社，2012.

[3] 南京大学《无机及分析化学实验》编写组. 无机及分析化学实验. 第 5 版. 北京：高等教育出版社，2015.

[4] 大连理工大学无机化学教研室. 无机化学实验. 第 2 版. 北京：高等教育出版社，2004.

[5] 张雷，刘松艳，李政，张颖. 无机化学实验. 科学出版社，2017.

实验 10 硫代硫酸钠的制备

【实验目的】

1. 学习亚硫酸钠法制备硫代硫酸钠的原理和方法。

2. 学习硫代硫酸钠的检验方法。

【实验原理】

硫代硫酸钠是最重要的硫代硫酸盐，俗称"海波"，又名"大苏打"，是无色透明单斜晶体。易溶于水，不溶于乙醇，具有较强的还原性和配位能力，是冲洗照相底片的定影剂，棉织物漂白后的脱氯剂，定量分析中的还原剂。有关反应如下：

$$AgBr + 2Na_2S_2O_3 = [Ag(S_2O_3)_2]^{3-} + NaBr + 3Na^+$$

$$2Ag^+ + S_2O_3^{2-} = Ag_2S_2O_3$$

$$Ag_2S_2O_3 + H_2O = Ag_2S\downarrow + H_2SO_4 (此反应用作 S_2O_3^{2-} 的定性鉴定)$$

$$2S_2O_3^{2-} + I_2 = S_4O_6^{2-} + 2I^-$$

$Na_2S_2O_3 \cdot 5H_2O$ 的制备方法有多种，其中亚硫酸钠法是工业和实验室中的主要方法：

$$Na_2SO_3 + S + 5H_2O = Na_2S_2O_3 \cdot 5H_2O$$

反应液经脱色、过滤、浓缩结晶、过滤、干燥即得产品。

$Na_2S_2O_3 \cdot 5H_2O$ 于 40～45℃熔化，48℃分解，因此，在浓缩过程中要注意不能蒸发过度。

【仪器与试剂】

1. 仪器

台秤，布氏漏斗，吸滤瓶，真空泵，点滴板。

2. 试剂

$Na_2SO_3(s)$，硫黄粉，95％乙醇，活性炭，HCl（$2mol \cdot L^{-1}$），$AgNO_3$（$0.1mol \cdot L^{-1}$），碘水（$0.1mol \cdot L^{-1}$），$BaCl_2$（$250g \cdot L^{-1}$），KBr（$0.1mol \cdot L^{-1}$）。

【实验步骤】

1. 硫代硫酸钠的制备

称取 2g 硫黄粉，研碎后置于 100mL 烧杯中，加 1mL 乙醇使其润湿。再加入 6g Na_2SO_3 固体和去离子水 50mL，加热混合并不断搅拌[1]。待溶液沸腾后改用小火加热[2]，保持沸腾状态不少于 40min，不断地用玻璃棒充分搅拌，直至仅有少许硫黄粉[3] 悬浮于溶液中[4]（此时溶液体积不要少于 20mL，如太少，可在反应过程中适当补加些水）。停止加热，待溶液稍冷却后加 1g 活性炭，加热煮沸。趁热过滤至蒸发皿中，于泥三角上小火蒸发浓缩至溶液呈微黄色浑浊为止。自然冷却，晶体析出后抽滤，并用少量乙醇洗涤晶体，尽量抽干后，取出晶体用滤纸吸干，称量，计算产率。

2. 硫代硫酸钠的性质

取少量自制的 $Na_2S_2O_3$ 晶体溶于 5mL 水中，进行实验。

（1）向溶液中滴加 $2mol \cdot L^{-1}$ HCl 溶液，观察现象。该现象说明 $Na_2S_2O_3$ 具有什么性质？

（2）取一粒硫代硫酸钠晶体于点滴板的一个孔穴中，加入几滴去离子水使之溶解，再加两滴 $0.1mol \cdot L^{-1}$ $AgNO_3$，观察现象，写出反应方程式。

（3）取一粒硫代硫酸钠晶体于试管中，加 1mL 去离子水使之溶解，滴加碘水，观察现象，写出反应方程式。

（4）取 10 滴 $0.1mol \cdot L^{-1}$ $AgNO_3$ 于试管中，加 10 滴 $0.1mol \cdot L^{-1}$ KBr，静置沉淀，弃去上清液。另取少量硫代硫酸钠晶体于试管中，加 1mL 去离子水使之溶解。将硫代硫酸钠溶液迅速倒入 AgBr 沉淀中，观察现象，写出反应方程式。

【附注】

［1］由于是固体与溶液的反应，在反应过程中，一是要充分搅拌，增加反应物的接触机会；二是反应时间要足够。

［2］蒸发浓缩时，速度太快，产品易于结块；速度太慢，产品不易形成结晶。

［3］反应中的硫黄粉用量已经是过量的，不需再多加。

［4］实验过程中，浓缩液终点不易观察，有晶体出现即可。

【思考题】

1. 硫黄粉稍有过量，为什么？
2. 为什么加入乙醇？目的何在？
3. 蒸发浓缩时，为什么不可将溶液蒸干？如果没有晶体析出，该如何处理？
4. 减压过滤后晶体要用乙醇来洗涤，为什么？

【参考文献】

[1] 武汉大学化学与分子科学学院实验中心. 无机化学实验. 第2版. 武汉：武汉大学出版社，2012.

[2] 南京大学《无机及分析化学实验》编写组. 无机及分析化学实验. 第5版. 北京：高等教育出版社，2015.

[3] 北京师范大学无机化学教研室等. 无机化学实验. 第3版. 北京：高等教育出版社，2001.

分析化学实验部分

实验 1　容量仪器的校准

【实验目的】

1. 了解容量仪器校准的意义和方法。
2. 掌握滴定管、移液管的校准和容量瓶与移液管间相对校准的操作。

【实验原理】

移液管、容量瓶和滴定管是分析实验中常用的玻璃量器，具有刻度和标称容量。量器产品都允许有一定的容量误差。在准确度要求较高的分析测试中，对使用量器进行校准是十分必要的。

校准的方法有称量法和相对校准法。称量法的原理是：用分析天平称量被校量器中量入和量出的纯水的质量 m，再根据纯水的密度 ρ 计算出被校量器的实际容量。由于玻璃的热胀冷缩，所以在不同温度下，量器的容积也会发生变化。因此，规定使用玻璃量器的标准温度为 20℃。各种量器上标出的刻度和容量，称为在标准温度 20℃ 时量器的标称容量，但是，在实际校准工作中，容器中水的质量是在室温下和空气中称量的。因此必须考虑如下三方面的影响：

（1）由于空气浮力使质量改变的校正；

（2）由于水的密度随温度而改变的校正；

（3）由于玻璃容器本身容积随温度而改变的校正。

考虑了上述的影响，可得出 20℃ 容量为 1L 的玻璃容器，在不同温度时所盛水的质量（见表1）。根据此表计算量器的校正值十分方便。例如某支 25mL 移液管在 25℃ 放出的纯水质量为 24.921g，纯水的密度为 0.99617g·mL^{-1}，则该移液管在 20℃ 时的实际溶剂为：

$$V_{20} = 24.921g/0.99617g \cdot mL^{-1} = 25.02mL$$

这支移液管的校正值为 25.02mL − 25.00mL = +0.02mL

表 1　不同温度下 1L 纯水的质量（在空气中用黄铜砝码称量）

温度/℃	质量/g	温度/℃	质量/g	温度/℃	质量/g
10	998.39	19	997.34	28	995.44
11	998.33	20	997.18	29	995.18
12	998.24	21	997.00	30	994.91
13	998.15	22	996.80	31	994.64
14	998.04	23	996.60	32	994.34
15	997.92	24	996.38	33	994.06
16	997.78	25	996.17	34	993.75
17	997.64	26	995.93	35	993.45
18	997.51	27	995.69		

需要特别指出的是：校准不当和使用不当都会导致容积误差，其误差甚至可能超过允许误差或量器本身的误差。因而在校准时务必正确、仔细地进行操作，尽量减小校准误差。凡是使用校准值的，其次数不应少于两次，且两次校准数据的偏差应不超过该量器允许的 1/4，并取其平均值作为校准值。

有时，只要求两种容器之间有一定的比例关系，而不需要知道它们各自的准确体积，这时可用容量相对校准法。经常配套使用的移液管和容量瓶，采用相对校准法校准更为重要。例如，用 25mL 移液管取蒸馏水于洁净干燥的 100mL 容量瓶中，到第 4 次重复操作后，观察瓶颈处水的弯月面下缘是否刚好与刻线上缘相切，若不相切，应重新作一记号为标线，以后此移液管和容量瓶配套使用时就用新标记的标线。

【仪器与试剂】

1. 仪器

移液管（25mL），容量瓶（100mL），滴定管（50mL），具塞锥形瓶（50mL），分析天平。

2. 试剂

蒸馏水。

【实验步骤】

1. 滴定管的校准（称量法）

将洁净干燥的具塞锥形瓶放在分析天平上称量，记空瓶质量为 $m_瓶$。

将洁净的滴定管盛满蒸馏水，调至 0.00mL 刻度处，放出一定体积（记为 V）的蒸馏水，例如：放出 5mL 的蒸馏水于已称量的锥形瓶中，塞紧塞子，称出"瓶＋水"的质量，两次质量之差即为放出水的质量 $m_水$。

采用同样方法每次从滴定管中放出约 5mL 或 10mL 的纯水，直到放至 50mL，用每次称量得到蒸馏水的质量除以实验水温时水的密度，即可得到滴定管各部分的实际

容量 V_{20}。重复校准一次，两次相应区间的水质量相差应小于 0.02g，求出平均值，并计算校准值 $\Delta V = V_{20} - V_0$，V_0 为滴定管两次读数的体积差，数据记入表 2。

移液管和容量瓶也可用称量法进行校准。校准容量瓶时，不必用锥形瓶，称准至 0.001g 即可。

2. 移液管和容量瓶的相对校准

用洁净的 25mL 移液管移取纯水于干净且晾干的 100mL 容量瓶中，重复操作 4 次，观察液面的弯月面下缘是否恰好与标线上缘相切，如不相切则用胶布在瓶颈上另作标记，以后实验中，此移液管和容量瓶配套使用时，应以新标记为准。

【数据记录与处理】

表 2　滴定管的校正

滴定管读数 /mL	读数的容积 V_0 /mL	$m_{水+瓶}$/g	$m_水$/g	V_{20}/mL	ΔV 校正值 /mL
0.00	—	（空瓶）	—	—	—
5.00					

【思考题】

1. 容量瓶校准时为什么要晾干？在用容量瓶配制标准溶液时是否也要晾干？

2. 怎样用称量法校准移液管（单标线吸量管）?

【参考文献】

[1] 武汉大学. 分析化学实验（上册）. 第 5 版. 北京：高等教育出版社，2011.

[2] 四川大学化学工程学院，浙江大学化学系. 分析化学实验. 第 4 版. 北京：高等教育出版社，2015.

[3] 南京大学《无机及分析化学实验》编写组. 无机及分析化学实验. 第 5 版. 北京：高等教育出版社，2015.

实验 2　酸碱标准溶液的配制、浓度的比较和标定

【实验目的】

1. 了解酸碱滴定法的基本原理。

2. 掌握用基准物质标定溶液浓度的方法。

3. 学会正确判断滴定终点的方法，掌握滴定操作技术。

【实验原理】

酸碱滴定法常用的标准溶液是 HCl 和 NaOH 溶液，由于浓盐酸易挥发放出 HCl 气体，氢氧化钠易吸收空气中的水分和 CO_2，故不宜直接配制成准确浓度的溶液，一般先配成近似浓度，然后再用基准物质进行标定。

酸碱反应的实质是 $H_3O^+ + OH^- \Longrightarrow 2H_2O$，当 HCl 和 NaOH 反应，反应达到化学计量点时有：

$$n_{HCl} = n_{NaOH}$$
$$c_{HCl}V_{HCl} = c_{NaOH}V_{NaOH}$$
$$\frac{c_{NaOH}}{c_{HCl}} = \frac{V_{HCl}}{V_{NaOH}}$$

此式表明，通过酸碱溶液的比较滴定，可准确测出酸碱溶液的体积比，如果测知 NaOH 溶液的准确浓度，即可由上式计算出 HCl 溶液的准确浓度。本实验先配成近似 $0.1\ mol \cdot L^{-1}$ HCl 溶液和 $0.1\ mol \cdot L^{-1}$ NaOH 溶液，再进行酸碱溶液浓度的比较滴定。

标定强酸溶液可用无水碳酸钠（Na_2CO_3）、硼砂（$Na_2B_4O_7 \cdot 10H_2O$）等基准物质或已知准确浓度的强碱溶液。标定强碱溶液可用草酸（$H_2C_2O_4 \cdot 2H_2O$）、邻苯二甲酸氢钾（$KHC_8H_4O_4$）等基准物质或已知准确浓度的强酸溶液。

本实验选用邻苯二甲酸氢钾作基准物质，标定 NaOH 溶液的准确浓度，然后计算出 HCl 溶液的准确浓度。反应如下：

$$KHC_8H_4O_4 + NaOH \Longrightarrow KNaC_8H_4O_4 + H_2O$$

至计量点时，溶液呈弱碱性，用酚酞作指示剂。

【仪器与试剂】

1. 仪器

分析天平，酸式滴定管（50mL），碱式滴定管（50mL），滴定台，锥形瓶（250mL），烧杯（50mL）、量筒（10mL、100mL），试剂瓶（500mL），洗瓶，台秤，玻璃棒，表面皿（称量纸）。

2. 试剂

浓盐酸（AR），NaOH（固，AR），邻苯二甲酸氢钾（基准物质）；甲基橙指示剂，酚酞指示剂。

【实验步骤】

1. 仔细阅读"2.7.4 滴定管及滴定操作"。

2. 标准溶液的配制

(1) $0.1\ mol \cdot L^{-1}$ HCl 溶液

计算配制 $0.1\text{mol}\cdot\text{L}^{-1}$ HCl 溶液 500mL 所需浓盐酸的体积,用 10mL 量筒量取计算量的浓盐酸,倒入洁净的 500mL 试剂瓶中,加蒸馏水至 500mL,盖上瓶塞,充分摇匀,贴上标签(注明试剂名称、浓度、班级、姓名及配制日期)备用。

(2) $0.1\text{mol}\cdot\text{L}^{-1}$ NaOH 溶液

在台秤上称取 2.2~2.6g 的 NaOH 置于小烧杯中,加蒸馏水约 10mL,摇动一次立即将水倾出(溶出其表面上的 Na_2CO_3),再加蒸馏水使 NaOH 溶解后,定量转移到 500mL 具橡皮塞或软木塞的试剂瓶中,用蒸馏水稀释至 500mL,盖上瓶塞,充分摇匀,贴上标签(注明试剂名称、浓度、班级、姓名及配制日期备用。)

3. 酸碱标准溶液浓度的比较

(1) 取酸式和碱式滴定管各一支洗净,经检查不漏水后,分别用所配制的 $0.1\text{mol}\cdot\text{L}^{-1}$ HCl 和 NaOH 溶液润洗 2~3 次,再分别装满酸、碱标准溶液,赶去尖端气泡,调节滴定管内溶液的弯月面至"0"或稍低于"0"刻度处,静置片刻,准确记录最初读数(准确至小数点后第二位)。

(2) 从碱式滴定管中放出 $0.1\text{mol}\cdot\text{L}^{-1}$ NaOH 溶液 20~25mL 于洁净的 250mL 锥形瓶中,加入甲基橙指示剂 1~2 滴,摇匀。由酸式滴定管将 $0.1\text{mol}\cdot\text{L}^{-1}$ HCl 溶液逐滴滴入锥形瓶中,边滴边旋摇锥形瓶,将近终点时,用洗瓶中的蒸馏水淋洗锥形瓶瓶壁,把滴定过程中附着在内壁上的溶液冲下,继续逐滴滴定至橙色,即为终点。继续滴入少量 HCl 溶液。溶液由橙色又变为红色。再从碱式滴定管逐滴滴入 NaOH 溶液,使溶液再由红色变为橙色,注意观察终点。如此反复练习滴定操作和终点的观察。最后准确读取所耗用的 HCl 和 NaOH 溶液的最终读数,并求出 HCl 溶液和 NaOH 溶液的体积比,数据记入表 1。平行测定三份,计算平均结果和相对平均偏差,要求相对平均偏差小于 0.5%。

4. NaOH 溶液浓度的标定和 HCl 溶液浓度的计算

(1) NaOH 溶液浓度的标定

在分析天平上用减量法准确称取 0.4~0.6g 邻苯二甲酸氢钾 3 份,分别放入已编号的洁净的 250mL 锥形瓶中,加 20~30mL 蒸馏水溶解后,加入酚酞指示剂 1~2 滴,用待标定的 NaOH 滴定至微红色,30 秒不褪色即为终点。准确记录所消耗 NaOH 溶液的体积,按下式计算 NaOH 溶液的浓度,数据记入表 2。

$$c_{\text{NaOH}}=\frac{m_{\text{KHC}_8\text{H}_4\text{O}_4}\times 1000}{M_{\text{KHC}_8\text{H}_4\text{O}_4}\times V_{\text{NaOH}}}$$

再计算平均结果和相对平均偏差,要求相对平均偏差小于 0.5%。

(2) HCl 溶液浓度的计算

由步骤 3 中所得体积比和上述标定 NaOH 浓度,按下式计算 HCl 溶液的浓度,数据记入表 1。

$$c_{\text{HCl}}=\frac{V_{\text{NaOH}}}{V_{\text{HCl}}}\times c_{\text{NaOH}}$$

最后,将所得 HCl、NaOH 溶液的准确浓度标于溶液试剂瓶标签上。

【实验数据记录及处理】

表 1   NaOH 与 HCl 溶液浓度的比较

项目		1	2	3
NaOH	初读/mL			
	末读/mL			
	V_{NaOH}/mL			
HCl	初读/mL			
	末读/mL			
	V_{HCl}/mL			
	$\dfrac{V_{NaOH}}{V_{HCl}}$			
	$c_{HCl}/(mol \cdot L^{-1})$			
	c_{HCl} 平均值/$(mol \cdot L^{-1})$			
	平均相对偏差/%			

表 2 $KHC_8H_4O_4$ 标定 NaOH 溶液

项目		1	2	3
$m_{KHC_8H_4O_4}$/g				
NaOH	初读/mL			
	末读/mL			
	V_{NaOH}/mL			
$c_{NaOH}/(mol \cdot L^{-1})$				
c_{NaOH} 平均值/$(mol \cdot L^{-1})$				
平均偏差/%				
相对平均偏差/%				

【思考题】

1. 滴定管在使用时都要用待装的溶液洗涤 2～3 次，锥形瓶是否要洗涤？为什么？

2. 为什么每次滴定前，都要使滴定管内溶液的初读数从 "0" 或 "0" 稍低的刻度处开始？

3. 在 NaOH 溶液的标定中，可选择甲基橙作为指示剂吗？为什么？

4. 下列情况对实验结果有无影响？

（1）滴定完毕，滴定管的尖端留有液滴。

（2）滴定完毕，滴定管尖端内部产生了气泡。

（3）在滴定过程中，往锥形瓶中淋洗了少量的蒸馏水。

（4）滴定过程中，滴定的速度很快而且达到滴定终点，就立即读数。

【参考文献】

[1] 武汉大学. 分析化学实验（上册）. 第 5 版. 北京：高等教育出版社，2011.

[2] 杨玲，白红进，刘文杰. 大学基础化学实验. 北京：化学工业出版社，2015.

实验 3　食用白醋中总酸度的测定

【实验目的】

1. 学习强碱滴定弱酸的基本原理及指示剂的选择原则。

2. 掌握食醋中总酸度的测定原理和方法

【实验原理】

食醋的主要成分是醋酸（CH_3COOH，简写为 HAc），此外还有少量其他有机酸（如乳酸等）。HAc 是弱酸，其 $cK_a > 10^{-8}$，可以采用强碱 NaOH 标准溶液对 HAC 进行准确滴定。食醋中 HAc 的含量约为 3%～5%，而食醋中的其他酸也会与 NaOH 反应，因此滴定测定的是总酸量，测定结果以含量最高的 HAc 来表示。

滴定反应为：

$$NaOH + HAc \Longrightarrow NaAc + H_2O$$

达到化学计量点时生成 NaAc，溶液的 pH 约为 8.6，可选用酚酞作为指示剂，溶液由无色变为微红色，30s 不褪色即为滴定终点。由于 CO_2 对测定有影响，实验中应选用无 CO_2 蒸馏水。

总酸度的测定结果常以每 1L 原食醋溶液中所含 HAc 的质量表示，即以 HAc 的酸度 ρ_{HAc} 表示，其单位为 $g \cdot L^{-1}$。

【仪器与试剂】

1. 仪器

碱式滴定管（50mL），移液管（25mL），容量瓶（250mL），锥形瓶（250mL），烧杯（100mL），洗瓶，洗耳球，滴定架。

2. 试剂

食醋，NaOH 标准溶液（0.1mol·L^{-1}），酚酞指示剂。

【实验步骤】

1. $0.1mol \cdot L^{-1}$ NaOH 标准溶液的配制以及标定

参见分析实验部分实验1，用邻苯二甲酸氢钾基准物质标定 NaOH 溶液，并记下其准确浓度。

2. 食醋总酸度的测定

用移液管准确移取食醋 25.00mL 于 250mL 的容量瓶中，用蒸馏水稀释至刻度，摇匀。准确吸取上述稀释溶液 25.00mL 于 250mL 锥形瓶中，加 1～2 滴酚酞指示剂，摇匀。用 $0.1mol \cdot L^{-1}$ NaOH 标准溶液滴定至溶液呈微红色，并在 30s 内不褪色即为终点。记录消耗的 NaOH 溶液的体积，数据记入表1，平行操作 3 次。

总酸度的计算公式为：

$$\rho_{HAc}(g \cdot L^{-1}) = \frac{c_{NaOH} \times V_{NaOH} \times M_{HAc}}{V'}$$

式中，$M_{HAc} = 60.05 g \cdot mol^{-1}$，$V'$ 为每次滴定时实际参加反应的原食醋的体积，即 $V' = \dfrac{25.00 \times 25.00}{250.00}$。

【实验数据记录及处理】

表1　食醋中总酸度的测定

项目		1	2	3
V_{HAc}/mL				
V'_{HAc}/mL				
c_{NaOH}/(mol·L^{-1})				
NaOH	初读/mL			
	末读/mL			
	V_{NaOH}/mL			
ρ_{HAc}/(g·L^{-1})				
ρ_{HAc} 平均值/(g·L^{-1})				
相对平均偏差/%				

【思考题】

1. 以 NaOH 标准溶液滴定 HAc 溶液，属于哪一类滴定？如何判断能否被准确滴定？

2. 在本次实验滴定过程中，锥形瓶是否要用待装液润洗？为什么？

3. 测定食醋总酸度为什么用酚酞作为指示剂而不用甲基橙？

【参考文献】

[1] 武汉大学. 分析化学实验（上册）. 第 5 版. 北京：高等教育出版社，2011.

[2] 四川大学化学工程学院，浙江大学化学系. 分析化学实验. 第 4 版. 北京：高等教育出版社，2015.

[3] 钟国清. 无机及分析化学实验. 第 2 版. 北京：科学出版社，2011.

实验 4　阿司匹林药片中乙酰水杨酸含量的测定

【实验目的】

1. 了解返滴定法的原理与操作。
2. 学习阿司匹林药片中乙酰水杨酸含量的测定方法。

【实验原理】

阿司匹林是一种解热镇痛药，主要成分是乙酰水杨酸（有机弱酸，$pK_a = 3.0$），其摩尔质量为 $180.16 g \cdot mol^{-1}$，微溶于水，易溶于乙醇。在强碱溶液中分解为水杨酸（邻羟基苯甲酸）盐和乙酸盐，反应式如下：

药片中一般都会添加硬脂酸镁、淀粉等不溶的赋形剂，不宜直接滴定，可采用返滴定法对乙酰水杨酸的含量进行测定。首先将药片研磨成粉状，加入过量的 NaOH 标准溶液，加热使乙酰基完全水解，再以酚酞为指示剂，用 HCl 标准溶液对过量的 NaOH 溶液进行返滴，溶液由红色变为无色即为终点。在这一滴定反应中，1mol 乙酰水杨酸消耗 2mol NaOH。

乙酰水杨酸若是纯品，为防止乙酰基水解。以 10℃ 以下的中性乙醇为溶剂，酚酞为指示剂，采用 NaOH 溶液直接滴定，在这一滴定反应中，1mol 乙酰水杨酸消耗 1mol NaOH，滴定反应为：

【仪器与试剂】

1. 仪器

碱式滴定管（50mL），酸式滴定管（50mL），移液管（25mL，10mL），烧杯（100mL），容量瓶（250mL），表面皿，电炉，研钵。

2. 试剂

NaOH 溶液（$0.1 mol \cdot L^{-1}$，$1 mol \cdot L^{-1}$），$0.1 mol \cdot L^{-1}$ HCl 溶液，酚酞指示剂

（$2g \cdot L^{-1}$，乙醇溶液），邻苯二甲酸氢钾（$KHC_8H_4O_4$）基准试剂，无水 Na_2CO_3 基准试剂，硼砂（$Na_2B_4O_7 \cdot 10H_2O$）基准试剂，阿司匹林药片，乙醇（95%），乙酰水杨酸（晶体）。

【实验步骤】

1. $0.1mol \cdot L^{-1}$ HCl 的标定

（1）采用无水 Na_2CO_3 标定

用减量法准确称取 3 份 $0.13～0.15g$ 无水 Na_2CO_3，分别置于 250mL 锥形瓶中，加入 $20～30mL$ 蒸馏水使之溶解，滴加 $1～2$ 滴甲基橙，用待标定的 HCl 溶液滴定，溶液由黄色变为橙色即为终点。计算 HCl 溶液的浓度。平行测定 3 份，相对偏差应在 ±0.2% 以内。

（2）采用 $Na_2B_4O_7 \cdot 10H_2O$ 标定

用减量法准确称取 $0.4～0.6g$ 硼砂 3 份，置于 250mL 锥形瓶中，加水 50mL 使之溶解，滴加 2 滴甲基红指示剂，用待标定的 HCl 溶液滴定，至黄色恰好变为浅红色即为终点。计算 HCl 溶液的浓度。平行测定 3 份，相对偏差应在 ±0.2% 以内。

2. 阿司匹林药片中乙酰水杨酸含量的测定

将阿司匹林药片研磨，准确称取约 $0.6g$ 粉末于 100mL 烧杯中，用移液管准确加入 $25.00mL$ $1mol \cdot L^{-1}$ NaOH 标准溶液，再加水 30mL，盖上表面皿，轻摇几下，置近沸水浴加热 15min，迅速用流水冷却，将烧杯中的溶液定量转移至 100mL 容量瓶中，稀释至刻度线，混合均匀。

准确移取上述试液 $10.00mL$ 于 250mL 锥形瓶中，加水 $20～30mL$，加入 $2～3$ 滴酚酞指示剂，用 $0.1mol \cdot L^{-1}$ HCl 标准溶液滴定，至红色刚刚消失即为终点。计算药片中乙酰水杨酸的质量分数。平行测定 3 份，数据记入表 1。

3. NaOH 与 HCl 标准溶液体积比的测定（空白试验）

用移液管准确移取 $25.00mL$ $1mol \cdot L^{-1}$ NaOH 溶液于 100mL 烧杯中，在相同的实验条件下进行加热，冷却，定量转移至 100mL 容量瓶中，稀释至刻度，摇匀。准确移取上述试液 $10.00mL$ 于 250mL 锥形瓶中，加水 $20～30mL$，加入 $2～3$ 滴酚酞指示剂，用 $0.1mol \cdot L^{-1}$ HCl 标准溶液滴定，至红色刚刚消失即为终点。计算 V_{NaOH}/V_{HCl} 值。平行测定 3 份。

4. 乙酰水杨酸（晶体）纯度的测定

乙醇的预中和：量取约 60mL 乙醇置于 100mL 烧杯中，加入 8 滴酚酞指示剂，在搅拌下滴加 $0.1mol \cdot L^{-1}$ NaOH 溶液至刚刚出现微红色，盖上表面皿，泡在冰水中。

准确称取乙酰水杨酸晶体试样约 $0.4g$ 于干燥的 250mL 锥形瓶中，加入 20mL 中性冷乙醇，摇动溶解后立即用 $0.1mol \cdot L^{-1}$ NaOH 标准溶液滴定，至微红色保持 30s 不褪色，即为终点。平行测定 3 份，计算乙酰水杨酸试样的纯度（%），记入表 2。

【实验数据记录与处理】

表 1　药片中乙酰水杨酸含量的测定

项目	1	2	3
阿司匹林药片/g			
V_{HCl}/mL			
乙酰水杨酸的含量/%			
乙酰水杨酸含量的平均值/%			
相对平均偏差/%			

表 2　乙酰水杨酸（晶体）纯度的测定

项目	1	2	3
乙酰水杨酸(晶体)质量 m/g			
V_{NaOH}/mL			
乙酰水杨酸的含量/%			
乙酰水杨酸含量平均值/%			
相对平均偏差/%			

【思考题】

1. 用返滴法测定乙酰水杨酸，为何必须做空白试验？

2. 在测定药片中乙酰水杨酸含量的实验中，为什么 1mol 乙酰水杨酸消耗 2mol NaOH，而不是 3mol NaOH？返滴定后的溶液中，水解产物的存在形式是什么？

【参考文献】

[1] 武汉大学.分析化学实验（上册）.第 5 版.北京：高等教育出版社，2011.

[2] 四川大学化学工程学院，浙江大学化学系.分析化学实验.第 4 版.北京：高等教育出版社，2015.

实验 5　混合碱中碳酸钠和碳酸氢钠含量的测定

【实验目的】

1. 学习多元弱碱滴定过程中 pH 的变化以及指示剂的选择。

2. 掌握用双指示剂法判断混合碱的组成及测定各组分含量的方法。

【实验原理】

混合碱是 NaOH 和 Na_2CO_3 或 $NaHCO_3$ 和 Na_2CO_3 的混合物。用 HCl 标准溶液滴定混合碱时有两个计量点。根据滴定过程中 pH 变化的情况，选用两种不同的指示剂分别指示第一、第二终点的到达，即"双指示剂法"。此方法简便、快速，在生产实际中应用广泛。

在滴定时，先以酚酞作指示剂，用 HCl 标准溶液滴定至溶液由红色变为几乎无色，此时 pH 为 8.3，这是第一个滴定终点，消耗 HCl V_1 mL，反应为：

$$Na_2CO_3 + HCl \Longrightarrow NaHCO_3 + NaCl$$
$$NaOH + HCl \Longrightarrow H_2O + NaCl$$

再加入甲基橙试剂，滴定至溶液由黄色变为橙色，此时为第二个终点，pH 为 3.9，消耗 HCl 的体积为 V_2 mL。反应为：

$$NaHCO_3 + HCl \Longrightarrow NaCl + H_2O + CO_2 \uparrow$$

根据 V_1 和 V_2 的相对大小，可判断混合碱的组成。若 $V_1 > V_2$ 时，试液为 NaOH 和 Na_2CO_3 的混合物，若 $V_1 < V_2$ 时，试液为 Na_2CO_3 和 $NaHCO_3$ 的混合物。

混合碱中碳酸钠和碳酸氢钠含量的计算公式：

$$w_{NaHCO_3} = \frac{(V_2 - V_1) \times c_{HCl} \times M_{NaHCO_3} \times 10^{-3} \times 10}{m_{样品}} \times 100\%$$

$$w_{Na_2CO_3} = \frac{V_1 \times c_{HCl} \times M_{Na_2CO_3} \times 10^{-3} \times 10}{m_{样品}} \times 100\%$$

【仪器与试剂】

1. 仪器

酸式滴定管（25mL），分析天平，容量瓶（250mL），移液管（25mL），烧杯（50mL），量筒（10mL）。

2. 试剂

盐酸（0.1mol·L^{-1} HCl），酚酞（2g·L^{-1}，乙醇溶液），甲基橙（0.2%），混合碱试样。

【实验步骤】

1. 0.1mol·L^{-1} HCl 溶液的配制和标定

见分析实验部分实验 4。

2. 混合碱分析

用减量法准确称取混合碱试样 1.5～2.0g 于 50mL 小烧杯中，加少量蒸馏水，搅拌溶解，待溶液冷却后完全转移至 250mL 容量瓶中，定容，充分混合均匀。用移液管吸取 25.00mL 上述溶液于 250mL 锥形瓶中，加 1～2 滴酚酞指示剂，用 0.1mol·L^{-1} HCl 标准溶液滴定，至溶液由红色刚变为无色，即为第一终点，记下所消耗 HCl 的体积 V_1。然后在溶液中加入 1～2 滴甲基橙指示剂，此时溶液成黄色，继续用 HCl 标准溶液滴定，至溶液由黄变橙即为第二终点，记下为所消耗 HCl 的体积 V_2。数据记入表 1。根据 V_1 和 V_2 的大小判断组成并计算混合碱各组分含量。

【数据记录及结果计算】

表 1　混合碱分析（以 $NaHCO_3$ 和 Na_2CO_3 混合碱为例）

项目	1	2	3
$m_{混合碱}$/g			
V_1/mL			
V_2/mL			
$NaHCO_3$/%			
Na_2CO_3/%			
$NaHCO_3$ 平均值/%			
Na_2CO_3 平均值/%			
$NaHCO_3$ 相对平均偏差/%			
Na_2CO_3 相对平均偏差/%			

【思考题】

1. 本实验的两个滴定终点 pH 各为多少？分别采用什么指示剂？

2. 用盐酸滴定混合碱液时，将试液在空气中放置一段时间后滴定，将会给测定结果带来什么影响？若到达第一化学计量点前，滴定速度过快或摇动不均匀，对测定结果有何影响？

【参考文献】

[1]　四川大学化学工程学院，浙江大学化学系. 分析化学实验. 第 4 版. 北京：高等教育出版社，2015.

[2]　钟国清主编. 无机及分析化学实验. 第 2 版. 北京：科学出版社，2011.

[3]　杨玲，白红进，刘文杰. 大学基础化学实验. 北京：化学工业出版社，2015.

实验 6　EDTA 标准溶液的配制和标定

【实验目的】

1. 学习 EDTA 标准溶液的配制。

2. 学习配位滴定的原理和特点。

3. 熟悉钙指示剂的使用及其终点的变化。

【实验原理】

乙二胺四乙酸（简称 EDTA，常用 H_4Y 表示）难溶于水，常温下其溶解度为 $0.2g \cdot L^{-1}$（约 $0.0007 mol \cdot L^{-1}$），在分析中不适用，通常使用其二钠盐配制标准溶液。乙二胺四乙酸二钠盐的溶解度为 $120g \cdot L^{-1}$，可配成 $0.3mol \cdot L^{-1}$ 以上的溶液，其水溶液 $pH=4.8$。

二钠盐常吸附少量水分和少量杂质，不能作为基准物质来直接配制标准溶液。通常采用间接法配制标准溶液，再对其进行标定，常用的标定基准物有 Zn、ZnO、$CaCO_3$、Bi、Cu、$MgSO_4 \cdot 7H_2O$、Hg、Ni、Pb 等。

通常选用其中与被测组分相同的物质作为基准物，这样滴定条件较一致。EDTA 溶液若用于测定石灰石或白云石中 CaO、MgO 的含量，则宜用 $CaCO_3$ 为基准物。首先可加 HCl 溶液与之反应，其反应如下：

$$CaCO_3 + 2HCl \rightleftharpoons CaCl_2 + H_2O + CO_2 \uparrow$$

然后把溶液转移到容量瓶中并稀释，制成钙标准溶液。吸取一定量钙标准溶液，调节酸度至 $pH \geqslant 12$，用钙指示剂，以 EDTA 滴定，溶液从酒红色变为纯蓝色即为终点。钙指示剂（常以 H_3Ind 表示）在溶液中按下式电离：

$$H_3Ind \rightleftharpoons 2H^+ + HInd^{2-}$$

在 $pH \geqslant 12$ 溶液中，$HInd^{2-}$ 与 Ca^{2+} 形成比较稳定的络离子，反应如下：

$$\underset{\text{纯蓝色}}{HInd^{2-}} + Ca^{2+} \rightleftharpoons \underset{\text{酒红色}}{CaInd^-} + H^+$$

所以在钙标准溶液中加入钙指示剂，溶液呈酒红色，当用 EDTA 溶液滴定时，由于 EDTA 与 Ca^{2+} 形成更稳定的 CaY^{2-} 络离子，因此在滴定终点附近，$CaInd^-$ 络离子不断转化为较稳定的 CaY^{2-} 络离子，而钙指示剂则被游离了出来，其反应可表示如下：

$$CaInd^- + H_2Y^{2-} \rightleftharpoons CaY^{2-} + HInd^{2-} + H_2O$$

由于 CaY^{2-} 无色，所以到达终点时溶液由酒红色变成纯蓝色。

若有 Mg^{2+} 共存在调节溶液酸度为 $pH \geqslant 12$ 时，Mg^{2+} 将形成 $Mg(OH)_2$ 沉淀，此共存的少量 Mg^{2+} 不仅不干扰钙的测定，而且会使终点比 Ca^{2+} 单独存在时更敏锐。当 Ca^{2+}、Mg^{2+} 共存时，终点由酒红色变为纯蓝色，当 Ca^{2+} 单独存在时则由酒红色变紫蓝色，所以测定单独存在的 Ca^{2+} 时，常加入少量 Mg^{2+} 溶液。

EDTA 若用于测定 Pb^{2+}、Bi^{3+}，则宜以 ZnO 或金属锌为基准物，以二甲酚橙为指示剂，在 $pH=5 \sim 6$ 的溶液中，二甲酚橙指示剂本身显黄色，与 Zn^{2+} 的络合物呈紫红色。EDTA 与 Zn^{2+} 形成更稳定的络合物，因此用 EDTA 溶液滴定至近终点时，二甲酚橙被游离出来，溶液由紫红色变成黄色。

【仪器与试剂】

1. 仪器

酸式滴定管（50mL），试剂瓶（1000mL），烧杯（250mL），容量瓶（250mL），移液管（25mL）。

2. 试剂

乙二胺四乙酸二钠，$CaCO_3$，氨水（1∶1），镁溶液（溶解 1g $MgSO_4 \cdot 7H_2O$ 于水中，稀释至200mL），NaOH 溶液（10％溶液），钙指示剂（固体指示剂），二甲酚橙指示剂（0.2％水溶液）。

【实验步骤】

1. $0.02mol \cdot L^{-1}$ EDTA 溶液的配制

称取乙二胺四乙酸二钠 7.6g，溶解于 300～400mL 温水中，稀释至1000mL，如混浊，应过滤，转移至1000mL 试剂瓶中，混合均匀。

2. 以 $CaCO_3$ 为基准物标定 EDTA 溶液

（1）$0.02mol \cdot L^{-1}$ 钙标准溶液的配制

置 $CaCO_3$ 于称量瓶中，110℃ 干燥 2h，冷却后，准确称取 0.5～0.6g $CaCO_3$ 于250mL 烧杯中，盖上表面皿，加水润湿，再逐滴加入 1+1 HCl 至完全溶解，用水把可能溅到表面皿上的溶液淋洗入杯中，加热近沸，待冷却后转移至250mL 容量瓶中，稀释至刻度，摇匀，贴上标签。

（2）用钙标准溶液标定 EDTA 溶液

用移液管移取 25.00mL 标准钙溶液于250mL 锥形瓶中，加入约 25mL 水、2mL 镁溶液、5mL 10％NaOH 溶液及约 10mg（米粒大小）钙指示剂，摇匀后，用 EDTA 溶液滴定至溶液从红色变为蓝色，即为终点，数据记入表1。

【实验数据记录与处理】

表1　EDTA 浓度的标定

项目		1	2	3
EDTA	初读/mL			
	末读/mL			
	V_{EDTA}/mL			
c_{EDTA}/(mol·L^{-1})				
c_{EDTA} 平均值/(mol·L^{-1})				
相对平均偏差/％				

【思考题】

1. 为什么通常使用乙二胺四乙酸二钠盐配制 EDTA 标准溶液，而不用乙二胺四乙酸？

2. 以 HCl 溶液溶解 $CaCO_3$ 基准物时，操作中应注意些什么？

【参考文献】

[1]　四川大学化学工程学院，浙江大学化学系. 分析化学实验. 第4版. 北京：高等教育出版社，2015.

[2]　武汉大学. 分析化学实验（上册）. 第 5 版. 北京：高等教育出版社，2011.

[3]　杨玲，白红进，刘文杰. 大学基础化学实验. 北京：化学工业出版社，2015.

实验 7　水的总硬度的测定

【实验目的】

1. 了解水硬度的常用表示方法。
2. 掌握配位滴定法的基本原理。
3. 学习用配位滴定法测定水的总硬度。

【实验原理】

水硬度的表示方法一般有水的总硬度和钙、镁硬度两种，前者是指 Ca 和 Mg 总量，并以钙化合物（$CaCO_3$）含量表示，后者分别是 Ca 和 Mg 的含量。一般根据水的总硬度将水分为：<4°为很软水，4°~8°为软水，8°~16°为中等硬水，16°~30°为硬水，>30°为很硬水。生活用水的总硬度不得超过25°。不同类型工业用水对硬度有不同的要求。硬度是水质分析、水处理工作的一项重要指标，测定水的总硬度具有实际的意义。

一般采用 EDTA 配位滴定法来测定水硬度。用 EDTA 滴定 Ca^{2+}、Mg^{2+} 总量时，一般是在 pH=10 的 $NH_3 \cdot H_2O$-NH_4Cl 缓冲溶液中进行，以铬黑 T（EBT）作为指示剂。滴定前，铬黑 T 与部分 Mg^{2+} 螯合生成紫红色的 $MgIn^-$。当滴入 EDTA 标准溶液时，Y^{4-} 先与溶液中游离的 Ca^{2+}、Mg^{2+} 螯合，然后再夺取 $MgIn^-$ 中的 Mg^{2+}，使铬黑 T 游离出来，溶液由紫红色变为纯蓝色，即为滴定终点。

滴定前：
$$EBT + M(Ca^{2+}、Mg^{2+}) \Longrightarrow M\text{-}EBT$$
$$\text{（蓝色）} \qquad\qquad\qquad\qquad \text{（酒红色）}$$

滴定开始至化学计量点前：
$$H_2Y^{2-} + Ca^{2+} \Longrightarrow CaY^{2-} + 2H^+$$
$$H_2Y^{2-} + Mg^{2+} \Longrightarrow MgY^{2-} + 2H^+$$

计量点时：
$$H_2Y^{2-} + Mg\text{-}EBT \Longrightarrow MgY^{2-} + EBT + 2H^+$$
$$\text{（酒红色）} \qquad\qquad\qquad\qquad \text{（蓝色）}$$

常以水中 $CaCO_3$ 的浓度，即每升水中含有 $CaCO_3$ 多少毫克来表示水硬度，计算式为：

$$水硬度(mg \cdot L^{-1}) = \frac{c_{EDTA} V_{EDTA} M_{CaCO_3}}{V_{水样}}$$

式中，M_{CaCO_3} 为 $CaCO_3$ 的摩尔质量，$100.09 g \cdot mol^{-1}$。

测定钙硬度时，用 NaOH 将溶液的 pH 调节至 12~13，使溶液中的 Mg^{2+} 形成

$Mg(OH)_2$ 沉淀，以钙指示剂为指示剂，指示剂与钙离子形成红色的络合物，滴入 EDTA 时，钙离子逐步被络合，当接近化学计量点时，已与指示剂络合的钙离子被 EDTA 夺出，释放出指示剂，此时溶液为蓝色，即为终点。根据消耗的 EDTA 量即可计算 Ca^{2+} 的浓度；再从同样水样中的总硬度中减去 Ca^{2+} 的量，即可得到 Mg^{2+} 的含量。

水中 Fe^{3+}、Al^{3+}、Co^{2+}、Ni^{2+} 和 Cu^{2+} 等离子对 EBT 有封闭作用，可加入少量三乙醇胺掩蔽 Fe^{3+}、Al^{3+} 等干扰离子，用 KCN、Na_2S 或巯基乙酸等掩蔽 Cu^{2+}、Co^{2+}、Ni^{2+} 等。此外螯合物的稳定性与溶液的 pH 有关，pH 过低，将促使螯合物的离解；pH 过高，多数金属离子会水解生成氢氧化物沉淀，致使金属离子浓度降低。因此，在滴定中常需加入一定量的缓冲溶液以控制溶液的酸度。

【仪器与试剂】

1. 仪器

酸式滴定管（50mL），容量瓶（250mL），移液管（25mL、100mL），锥形瓶（250mL），量筒（10mL、100mL），烧杯（150mL、250mL），试剂瓶（500mL）。

2. 试剂

EDTA 标准溶液（$0.02\,mol \cdot L^{-1}$），$NH_3 \cdot H_2O\text{-}NH_4Cl$ 缓冲溶液（pH＝10），铬黑 T 指示剂（$5g \cdot L^{-1}$，75％三乙醇胺和 25％乙醇溶液），钙指示剂（1g 钙指示剂与 100g NaCl 混合，研磨，储存于干燥器中），NaOH 溶液（$100g \cdot L^{-1}$）。

【实验步骤】

1. 总硬度的测定

移取澄清的水样 100mL 于 250mL 锥形瓶中，加入 $NH_3 \cdot H_2O\text{-}NH_4Cl$ 缓冲溶液 5mL，滴加 2～3 滴铬黑 T，采用 $0.02\,mol \cdot L^{-1}$ EDTA 标准溶液进行滴定，溶液由酒红色变为纯蓝色即为终点。平行滴定 3 次，数据记入表 1。

2. 钙、镁硬度的测定

准确移取 100mL 水样于 250mL 锥形瓶中，加入 4mL NaOH 溶液（$100g \cdot L^{-1}$），再加入约 10mg 钙指示剂。之后用 EDTA 标准溶液滴定，溶液由酒红色变为纯蓝色即为滴定终点。平行滴定 3 次，数据记入表 2。

【实验数据记录与处理】

表 1　总硬度的测定

项目	1	2	3
V_{EDTA}/mL			
V_{EDTA} 平均值/(mol $\cdot$ L^{-1})			
水总硬度($CaCO_3$)/mg $\cdot$ L^{-1}			

表 2 钙、镁硬度的测定

项目	1	2	3
V_{EDTA}/mL			
V_{EDTA} 平均值/(mol·L⁻¹)			
钙硬度/mg·L⁻¹			
镁硬度/mg·L⁻¹			

【思考题】

1. 在螯合滴定中，为什么要控制溶液的酸度？如何控制？

2. 本实验在配制 EDTA 标准溶液时，为什么要加入少量 Mg^{2+} 盐？会影响测定结果吗？

【参考文献】

[1] 四川大学化学工程学院，浙江大学化学系. 分析化学实验. 第 4 版. 北京：高等教育出版社，2015.

[2] 刘景华，刘俊渤. 分析化学实验技术. 北京：中国电力出版社，2010.

[3] 杨玲，白红进，刘文杰. 大学基础化学实验. 北京：化学工业出版社，2015.

实验 8　双氧水中 H_2O_2 含量的测定

【实验目的】

1. 学习 $KMnO_4$ 标准溶液的配制和标定方法。

2. 掌握用高锰酸钾法测定过氧化氢含量的原理和方法。

【实验原理】

H_2O_2 是一种在医药上广泛使用的消毒剂。在酸性条件下，$KMnO_4$ 可迅速地氧化 H_2O_2，因此可用 $KMnO_4$ 标准溶液测定 H_2O_2，反应如下：

$$2MnO_4^- + 5H_2O_2 + 6H^+ = 2Mn^{2+} + 5O_2 + 8H_2O$$

由于 H_2O_2 受热易分解，此滴定应在室温下进行。开始时反应速率较慢，滴入的第一滴 $KMnO_4$ 不容易褪色。但随着 Mn^{2+} 的产生，可产生催化作用，反应速率逐渐加快。化学计量点后，稍微过量的 $KMnO_4$ 呈现微红色，指示终点的到达。根据 $KMnO_4$ 溶液的浓度和所消耗的体积，可计算 H_2O_2 的含量。

市售的 $KMnO_4$ 溶液常含有少量的 MnO_2 和其他杂质，不宜用直接法配制，而是配成近似浓度溶液，在冷暗处放置，再用基准物质标定。标定 $KMnO_4$ 溶液浓度的基准物质有 $Na_2C_2O_4$、As_2O_3、$H_2C_2O_4 \cdot 2H_2O$ 等，其中 $Na_2C_2O_4$ 易精制，不含结晶水、吸湿性小和热稳定性好，其标定反应为：

$$2MnO_4^- + 5C_2O_4^{2-} + 16H^+ \Longrightarrow 2Mn^{2+} + 10CO_2 \uparrow + 8H_2O$$

标定时应在酸性条件下，75～85℃的条件下进行。此外注意控制酸度、滴定速度和催化等条件。

【仪器与试剂】

1. 仪器

分析天平，台秤，酸式滴定管（50mL），移液管（10mL，25mL），容量瓶（50mL），锥形瓶（250mL），烧杯（150mL，500mL），量筒（10mL），棕色试剂瓶（500mL），砂芯漏斗。

2. 试剂

$KMnO_4$（固，AR），$Na_2C_2O_4$（固，基准物质），H_2SO_4（$3mol \cdot L^{-1}$），双氧水（$30g \cdot L^{-1}$，市售为30%，将其稀释10倍，存放于棕色试剂瓶中）。

【实验步骤】

1. $0.02mol \cdot L^{-1} KMnO_4$ 溶液的配制

称取约1.6g $KMnO_4$ 于烧杯中，加水溶解，稀释至500mL，盖上表面皿加热至沸，并保持微沸状态1h，静置2d以上（或用沸水溶解后静置7～8d）。然后用砂芯漏斗或玻璃棉过滤（不能用滤纸，因其是有机物，能被 $KMnO_4$ 氧化），除去析出的 MnO_2 沉淀。将滤液置于棕色试剂瓶中暗处密闭保存，以待标定。

2. $KMnO_4$ 标准溶液的标定

准确称取基准物质 $Na_2C_2O_4$（$M = 134g \cdot mol^{-1}$）0.15～0.20g 于250mL锥形瓶中，加水30mL，加入15mL $3mol \cdot L^{-1} H_2SO_4$，摇匀，加热溶液至有蒸气冒出（约75～85℃），趁热用 $KMnO_4$ 溶液滴定，待第一滴紫红色褪去，再滴加第二滴。此后滴定速度控制在每秒2～3滴。接近终点时，应减慢滴定速度，且充分摇匀，直到溶液显淡红色（保持30s不褪色）即达滴定终点。平行标定3次，数据记入表1。按下式计算 $KMnO_4$ 标准溶液的准确浓度：

$$c_{KMnO_4} = \frac{2}{5} \times \frac{m_{Na_2C_2O_4} \times 1000}{M_{Na_2C_2O_4} \times V_{KMnO_4}}$$

3. 双氧水中 H_2O_2 含量的测定

准确移取双氧水10mL（$30g \cdot L^{-1}$）于250mL容量瓶中，加蒸馏水稀释至刻度，摇匀。然后用移液管吸取上述溶液25mL，置于250mL锥形瓶中，加30mL蒸馏水和30mL $3mol \cdot L^{-1} H_2SO_4$，采用已标定的 $KMnO_4$ 标准溶液进行滴定，至溶液显淡红色（保持30s不褪色），即为滴定终点。平行测定3次，数据记入表2。

按下式计算双氧水中 H_2O_2 的百分含量：

$$H_2O_2\% = \frac{\frac{5}{2} \times c_{KMnO_4} \times V_{KMnO_4} \times M_{H_2O_2}}{V_{H_2O_2} \times \frac{25.00}{250} \times 1000} \times 100\%$$

【实验数据记录与处理】

表1　KMnO₄ 溶液浓度的标定

项目	1	2	3
$m_{\mathrm{Na_2C_2O_4}}/\mathrm{g}$			
$V_{\mathrm{KMnO_4}}/\mathrm{mL}$			
$c_{\mathrm{KMnO_4}}/\mathrm{mol \cdot L^{-1}}$			
$c_{\mathrm{KMnO_4}}$ 平均值$/\mathrm{mol \cdot L^{-1}}$			
平均相对偏差/%			

表2　过氧化氢含量的测定

项目	1	2	3
$V_{\mathrm{H_2O_2}}/\mathrm{mL}$			
$V_{\mathrm{KMnO_4}}/\mathrm{mL}$			
$\mathrm{H_2O_2}$%			
$\mathrm{H_2O_2}$ 平均值 %			
平均相对偏差/%			

【思考题】

1. $\mathrm{Na_2C_2O_4}$ 为基准物标定 $\mathrm{KMnO_4}$ 溶液时，应注意哪些反应条件？

2. 用高锰酸钾法滴定双氧水时能否用 $\mathrm{HNO_3}$ 或 HCl 来控制酸度？能否采用加热或加催化剂等方法来加快反应速率？为什么？

3. 在装满 $\mathrm{KMnO_4}$ 溶液的烧杯或滴定管久置后，其壁上常有棕色沉淀，且不易洗净，该棕色沉淀是什么？应该怎样洗涤？

【参考文献】

［1］　四川大学化学工程学院，浙江大学化学系.分析化学实验.第4版.北京：高等教育出版社，2015.

［2］　刘景华，刘俊渤.分析化学实验技术.北京：中国电力出版社，2010.

［3］　杨玲，白红进，刘文杰.大学基础化学实验.北京：化学工业出版社，2015.

［4］　武汉大学.分析化学实验（上册）.第5版.北京：高等教育出版社，2011.

实验 9　水中化学耗氧量的测定

【实验目的】

1. 了解水中化学耗氧量（COD）与水体污染的关系。

2. 掌握高锰酸钾法测定水中 COD 的原理及方法。

【实验原理】

水中化学耗氧量（COD）是水质污染程度的主要指标之一。COD 是指在特定条件下，用强氧化剂处理水样时所消耗的氧化剂的量，常用每升水消耗 O_2 的量来表示（$mg \cdot L^{-1}$）。水中含有无机还原性物质（如 NO_2^-、S^{2-}、Fe^{2+} 等）和少量有机物质，有机物腐烂会促使微生物繁殖，污染水质。COD 高的水常呈现黄色，并有明显的酸性，对工业设备也有侵蚀作用。

化学耗氧量的测定，目前多采用 $KMnO_4$ 法和 $K_2Cr_2O_7$ 法两种方法。$K_2Cr_2O_7$ 法适用于测定污染较严重的水，氧化率高，重现性好。$KMnO_4$ 法适合测定地面水、河水等污染不十分严重的水质，此方法简便、快速。

在酸性溶液中，加入过量的 $KMnO_4$ 溶液，加热使水中有机物充分与之作用后，加入过量的 $Na_2C_2O_4$ 与 $KMnO_4$ 充分作用。剩余的 $C_2O_4^{2-}$ 再用 $KMnO_4$ 溶液返滴定，反应式如下：

$$4KMnO_4 + 6H_2SO_4 + 5C \Longrightarrow 2K_2SO_4 + 4MnSO_4 + 5CO_2 + 6H_2O$$

$$2MnO_4^- + 5C_2O_4^{2-} + 16H^+ \Longrightarrow 2Mn^{2+} + 8H_2O + 10CO_2 \uparrow$$

这里的 C 泛指水中的还原性物质或需氧物质，主要为有机物。计算式为：

$$COD = \frac{\left[\frac{5}{4}c(V_1 + V_2)[MnO_4^-] - \frac{1}{2}cV_{C_2O_4^{2-}} \right]M_{O_2}}{V_水}$$

式中，V_1 为第一次加入 $KMnO_4$ 溶液的体积；V_2 为第二次加入 $KMnO_4$ 的体积。

若水样中 Cl^- 含量大于 $300mg \cdot L^{-1}$，将使测定结果偏高，可加纯水适当稀释，消除干扰。或加入 Ag_2SO_4，使 Cl^- 生成沉淀。通常加入 Ag_2SO_4 1.0g，可消除 $200mg$ Cl^- 的干扰。

水样中如有 Fe^{2+}、H_2S、NO_2^- 等还原性物质，对测定具有干扰，但它们在室温条件下，就能被 $KMnO_4$ 氧化，因此水样在室温条件下先用 $KMnO_4$ 溶液除去干扰离子，此 MnO_4^- 的用量不应记录。

取水样后应立即进行分析，如有特殊情况要放置时，可加入少量硫酸铜以抑制生物对有机物的分解。必要时，应取与水样同量的蒸馏水，测定空白值，加以校正。

【仪器与试剂】

1. 仪器

酸式滴定管（50mL），移液管（10mL），容量瓶（100mL），锥形瓶（250mL）。

2. 试剂

$KMnO_4$ 溶液（$0.002mol \cdot L^{-1}$），$Na_2C_2O_4$ 溶液（$0.005mol \cdot L^{-1}$），H_2SO_4（$6mol \cdot L^{-1}$）。

【实验步骤】

取 100mL 水样于 250mL 锥形瓶中，加 5mL 6mol·L^{-1} H$_2$SO$_4$，并准确加入 10mL 0.002mol·L^{-1} KMnO$_4$ 溶液，放入 2～3 粒沸石，立即加热至沸。煮沸 10min，溶液应为浅红色（否则补加）。取下锥形瓶稍冷，趁热加入 0.005mol·L^{-1} Na$_2$C$_2$O$_4$ 标准溶液 10mL，摇匀。溶液应为无色（否则补加 Na$_2$C$_2$O$_4$ 标准溶液）。用 0.002mol·L^{-1} KMnO$_4$ 标准溶液滴定，由无色变为淡红色，30s 不褪色即为终点。平行测定 3 份，数据记入表 1。

空白试样：另取蒸馏水 100mL，同上述操作，求空白值。计算 COD 时应该减去空白值。

【实验数据记录及处理】

表 1　耗氧量的测定

项目	1	2	3
$V_{水样}$/mL			
V_{KMnO_4}/mL			
$V_{Na_2C_2O_4}$/mL			
COD/mg·L^{-1}			
COD(平均值)/mg·L^{-1}			
平均相对偏差/%			
空白值			
校正后的 COD/mg·L^{-1}			

【思考题】

1. 测定水中 COD 的意义何在？有哪些方法测定 COD？

2. KMnO$_4$ 标准溶液可采用何种方法配制？配制时应注意什么问题？

3. 水样的采集及保存应当注意哪些事项？

4. 水样中加入 KMnO$_4$ 煮沸后，若紫红色消失说明什么？应采取什么措施？

5. 当水样中 Cl$^-$ 含量高时，能否用该法测定？为什么？

【参考文献】

[1]　四川大学化学工程学院，浙江大学化学系. 分析化学实验. 第 4 版. 北京：高等教育出版社，2015.

[2]　刘景华，刘俊渤. 分析化学实验技术. 北京：中国电力出版社，2010.

[3]　杨玲，白红进，刘文杰. 大学基础化学实验. 北京：化学工业出版社，2015.

[4]　武汉大学. 分析化学实验（上册）. 第 5 版. 北京：高等教育出版社，2011.

实验 10 维生素片中维生素 C 含量的测定

【实验目的】

1. 学习碘标准溶液的配制和标定方法；
2. 学习直接碘量法测定维生素 C 的原理和方法。

【实验原理】

维生素 C（V_C）又称抗坏血酸，分子式 $C_6H_8O_6$，摩尔质量为 176.1g·mol^{-1}。V_C 具有还原性，可被 I_2 定量氧化，因而可用 I_2 标准溶液直接滴定。其滴定反应式为：

$$C_6H_8O_6+I_2 \Longrightarrow C_6H_6O_6+2HI$$

V_C 具有较强的还原性，容易被溶解氧氧化，在碱性介质中这种氧化作用更强，因此滴定宜在酸性介质中进行，以减少副反应的发生。考虑到 I^- 在强酸性溶液中也易被氧化，故一般选在 $pH=3\sim4$ 的弱酸性溶液中进行滴定。

【仪器与试剂】

1. 仪器

酸式滴定管（50mL），移液管（10mL），容量瓶（100mL），锥形瓶（250mL），棕色试剂瓶（250mL）。

2. 试剂

I_2 溶液（0.05mol·L^{-1}），$Na_2S_2O_3$ 标准溶液（0.1mol·L^{-1}），HAc（2mol·L^{-1}），淀粉溶液（2g·L^{-1}），维生素 C 片剂，KI 溶液（约 200g·L^{-1}）。

【实验步骤】

1. I_2 溶液的标定

I_2 溶液（0.05mol·L^{-1}）的配制：称取 3.2g I_2 和 5g KI，在通风橱中加少量水研磨。待 I_2 全部溶解后，将溶液转入棕色试剂瓶中，加水稀释至 250mL，充分摇匀，放阴暗处保存。

准确移取 25mL $Na_2S_2O_3$ 标准溶液于 250mL 锥形瓶中，加 50mL 蒸馏水，3mL 淀粉溶液，然后用 I_2 溶液滴定至溶液呈浅蓝色，30s 内不褪色即为终点。平行标定 3 份，数据记入表 1，即可计算 I_2 的浓度。

2. 维生素 C 片剂中 V_C 含量的测定

将维生素药片研磨为粉末，准确称取约 0.2g 药粉，置于 250mL 锥形瓶中，加入 100mL 新煮沸过并冷却的蒸馏水，10mL HAc 溶液和 3mL 淀粉溶液，立即用 I_2 溶液滴定，至出现稳定的浅蓝色，且在 30s 内不褪色即为终点，记下消耗的 I_2 溶液体积。平行滴定3份，数据记入表2，计算试样中的 V_C 的质量分数。

【数据记录与处理】

表1 I_2 溶液的标定

项目	1	2	3
$c_{Na_2S_2O_3}/mol \cdot L^{-1}$			
$V_{Na_2S_2O_3}/mL$			
V_{I_2}/mL			
$c_{I_2}/mol \cdot L^{-1}$			
c_{I_2} 平均值/$mol \cdot L^{-1}$			
平均相对偏差/%			

表2   维生素C片剂中 V_C 含量的测定

项目	1	2	3
$c_{I_2}/mol \cdot L^{-1}$			
$m_{药片}/g$			
V_{I_2}/mL			
$w_{V_C}/\%$			
平均 $w_{V_C}/\%$			
平均相对偏差/%			

【思考题】

1. 溶解 I_2 时，加入过量 KI 的作用是什么？

2. 维生素 C 固体试样溶解时为何要加入新煮沸并冷却的蒸馏水？

3. 碘量法的误差来源有哪些？应采取哪些措施减少误差？

【参考文献】

[1] 武汉大学.分析化学实验（上册）.第5版.北京：高等教育出版社，2011.

[2] 四川大学化学工程学院，浙江大学化学系.分析化学实验.第4版.北京：高等教育出版社，2015.

[3] 杨玲，白红进，刘文杰.大学基础化学实验.北京：化学工业出版社，2015.

实验11   氯化物中氯含量的测定

【实验目的】

1. 掌握沉淀滴定法的原理。

2. 学习 $AgNO_3$ 标准溶液的配制和标定。

【实验原理】

在中性或弱碱性溶液中，以 K_2CrO_4 为指示剂，用 $AgNO_3$ 标准溶液对含氯溶液进行滴定。由于 AgCl 沉淀的溶解度比 Ag_2CrO_4 小，溶液中首先析出白色 AgCl 沉淀。当 AgCl 定量沉淀后，过量 $AgNO_3$ 溶液即与 CrO_4^{2-} 生成砖红色 Ag_2CrO_4 沉淀，到达指示终点，反应如下：

$$Ag^+ + Cl^- \Longrightarrow AgCl（白色） \qquad K_{sp} = 1.8 \times 10^{-10}$$

$$2Ag^+ + CrO_4^{2-} \Longrightarrow Ag_2CrO_4（砖红色） \qquad K_{sp} = 2.0 \times 10^{-12}$$

能与指示剂 K_2CrO_4 生成难溶化合物的阳离子会干扰测定，如 Ba^{2+}、Pb^{2+} 等。Ba^{2+} 的干扰可加过量 Na_2SO_4 消除。Al^{3+}、Fe^{3+}、Bi^{3+}、Sn^{4+} 等高价金属离子在中性或弱碱性溶液中易水解产生沉淀，会干扰测定。能与 Ag^+ 生成难溶化合物或络合物的阴离子，如 PO_4^{3-}、AsO_4^{3-}、AsO_3^{3-}、S^{2-}、SO_3^{2-}、CO_3^{2-}、$C_2O_4^{2-}$ 等也会对测定产生干扰。其中 H_2S 可加热煮沸除去，SO_3^{2-} 可用氧化成 SO_4^{2-} 的方法消除干扰。大量 Cu^{2+}、Ni^{2+}、Co^{2+} 等有色离子影响终点观察。

滴定必须在中性或弱碱性溶液中进行，最适宜 pH 范围在 6.5～10.5 之间。如果有铵盐存在，溶液的 pH 范围在 6.5～7.2 之间。指示剂 K_2CrO_4 的浓度一般以 5×10^{-3} mol·L^{-1} 为宜。

【仪器与试剂】

1. 仪器

酸式滴定管（50mL），移液管（5mL，25mL），烧杯（100mL），锥形瓶（250mL），棕色试剂瓶（500mL）。

2. 试剂

NaCl 基准试剂（AR），$AgNO_3$（固体试剂，AR），K_2CrO_4（50g·L^{-1}），NaCl 试样。

【实验步骤】

1. 0.1mol·L^{-1} $AgNO_3$ 溶液的配制

称取 8.5g $AgNO_3$ 于烧杯中，加水溶解，转入棕色试剂瓶，稀释至 500mL，摇匀置于暗处备用。

2. 0.1mol·L^{-1} $AgNO_3$ 溶液的标定

准确称取 0.55～0.60g 基准试剂 NaCl 于 250mL 锥形瓶中，加 25mL 水，再准确加入 1.00mL 50g·L^{-1} K_2CrO_4 溶液，在不断摇动下，用 $AgNO_3$ 溶液滴定至溶液呈砖红色即为终点。平行测定 3 份，数据记入表 1，计算 $AgNO_3$ 溶液的准确浓度。

计算式为：

$$c_{AgNO_3} = \frac{m_{NaCl}}{M_{NaCl} \times V_{AgNO_3}}$$

3. 试样中 NaCl 含量的测定

准确称取 2g NaCl 试样于烧杯中，加水溶解，转入 250mL 容量瓶，定容摇匀。准确移取 25mL 试液，置于 250mL 锥形瓶中，加水 25mL，再准确加入 1mL 50g·$L^{-1}K_2CrO_4$ 溶液，在不断摇动下，用 $AgNO_3$ 标准溶液滴定，至溶液呈砖红色即为终点。平行测定 3 份，数据记入表 2，计算试样中 Cl^- 的含量。

$$Cl\% = \frac{c_{AgNO_3}V_{AgNO_3} \times M_{NaCl}}{m \times \dfrac{25}{250}} \times 100\%$$

必要时进行空白测定，即取 25mL 蒸馏水按上述同样操作测定，计算时应扣除空白测定所耗 $AgNO_3$ 标准溶液的体积。

实验结束后，盛装 $AgNO_3$ 的滴定管先用蒸馏水冲洗 2～3 次，再用自来水冲洗。含银废液予以回收。

【数据记录与处理】

表 1　$AgNO_3$ 溶液的标定

项目	1	2	3
$m_{NaCl基准}$/g			
$V_{NaCl基准}$/mL			
V_{AgNO_3}/mL			
c_{AgNO_3}/mol·L^{-1}			
c_{AgNO_3}（平均值）/mol·L^{-1}			
平均相对偏差/%			

表 2　NaCl 试样中氯含量的测定

项目	1	2	3
$m_{NaCl试样}$/g			
$V_{NaCl试样}$/mL			
V_{AgNO_3}/mL			
Cl/%			
Cl 平均值/%			
平均相对偏差/%			
空白值			
校正之后的 Cl/%			

【思考题】

1. 配制好的 $AgNO_3$ 溶液要贮于棕色瓶中，并置于暗处，为什么？

2. 空白测定有何意义？K_2CrO_4 溶液的浓度大小或用量多少对测定结果有何影响？

【参考文献】

[1]　武汉大学. 分析化学实验（上册）. 第 5 版. 北京：高等教育出版社，2011.

[2]　四川大学化学工程学院，浙江大学化学系. 分析化学实验. 第 4 版. 北京：高等教育出版社，2015.

[3]　杨玲，白红进，刘文杰. 大学基础化学实验. 北京：化学工业出版社，2015.

实验 12　邻二氮菲分光光度法测定微量铁

【实验目的】

1. 学习邻二氮菲分光光度法测定铁含量的原理和方法。

2. 掌握分光光度计的使用方法。

【实验原理】

根据朗伯-比尔定律，当单色光通过一定长度（L）的有色物质溶液时，有色物质对光的吸收程度（用吸光度 A 或光密度 D 表示）与有色物质的浓度（c）成正比。

ε 是吸光系数，它是各种有色物质在一定波长下的特征常数。在分光光度法中，当条件一定时，ε、L 均为常数，此时可写成：

$$A = \varepsilon L c$$

因此，只要测出一定条件下不同浓度时的吸光度值，以浓度为横坐标，吸光度为纵坐标，即可绘制标准曲线。在同样条件下，测定待测溶液的吸光度，即可从标准曲线查出其浓度。

邻二氮菲是目前分光光度法测定铁含量的较好试剂。在 pH＝2～9 的溶液中，邻二氮菲与 Fe^{2+} 生成稳定的红色配合物。反应如下：

此络合物的 $\lg K_{稳}$＝21.3，ε＝11000，最大吸收波长（γ_{max}）为 508nm。

该反应中铁必须是亚铁状态，因此，在显色前要加入还原剂，如盐酸羟胺，可将 Fe^{3+} 还原为 Fe^{2+}，反应式为：

$$4Fe^{3+} + 2NH_2OH \Longrightarrow 4Fe^{2+} + N_2O + H_2O + 4H^+$$

测定时，控制溶液酸度在 pH＝2～9 较适宜，酸度过高，反应速率慢，酸度太低，则 Fe^{2+} 水解，影响显色。Bi^{3+}、Ca^{2+}、Hg^{2+}、Ag^+、Zn^{2+} 与显色剂生成沉淀，Cu^{2+}、Co^{2+}、Ni^{2+} 则形成有色络合物，因此当这些离子共存时应注意它们的干扰作用，干扰离子大量存在时可加入 EDTA 等掩蔽或预先分离。

【仪器与试剂】

1. 仪器

分光光度计，容量瓶（50mL），刻度吸量管。

2. 试剂

铁标准溶液（$10\mu g \cdot mL^{-1}$，$100\mu g \cdot mL^{-1}$），邻二氮菲溶液（$1g \cdot L^{-1}$），盐酸羟胺溶液（$100g \cdot L^{-1}$），NaAc 溶液（$1mol \cdot L^{-1}$），HCl 溶液（$6mol \cdot L^{-1}$）。

【实验步骤】

1. 吸收曲线的绘制

铁标准溶液（$100\mu g \cdot mL^{-1}$）的配制：准确称取 0.8634g 硫酸亚铁铵 $[(NH_4)_2Fe(SO_4)_2 \cdot 12H_2O]$ 于烧杯中，加入 20mL $6mol \cdot L^{-1}$ HCl，完全溶解后，移入 1000mL 容量瓶中，加去离子水稀释至刻度，摇匀。

铁标准溶液（$10\mu g \cdot mL^{-1}$）的配制：由 $100\mu g \cdot mL^{-1}$ 铁标准溶液准确稀释 10 倍而成。

准确吸取 $10\mu g \cdot mL^{-1}$ 铁标准溶液 2.50mL 于 25mL 容量瓶中，加入 0.5mL $100g \cdot L^{-1}$ 盐酸羟胺，2.5mL $1mol \cdot L^{-1}$ NaAc 溶液以及 1.5mL $1g \cdot L^{-1}$ 邻二氮菲溶液，加水稀释至刻度，摇匀。采用 1cm 比色皿，水为参比溶液，在 430～570nm 波长范围内，每隔 20nm 测量 1 次吸光度，在 490～530nm 波长范围内，每间隔 10nm 测量 1 次。以波长为横坐标、吸光度为纵坐标绘制吸收曲线，确定最大吸收波长。

2. 标准曲线的绘制

分别移取 $10\mu g \cdot mL^{-1}$ 铁的标准溶液 0.00mL、1.00mL、2.00mL、3.00mL、4.00mL、5.00mL 于 6 只 50mL 容量瓶中，依次加入 0.5mL $100g \cdot L^{-1}$ 盐酸羟胺、2.5mL $1mol \cdot L^{-1}$ NaAc 溶液、1.5mL $1g \cdot L^{-1}$ 邻二氮菲溶液，用蒸馏水稀释至刻度，摇匀，放置 10min。在最大吸收波长（510nm）下，用 1cm 的比色皿测得各溶液的吸光度，数据记入表 1。以浓度为横坐标、吸光度为纵坐标，绘制标准曲线。

3. 试样中铁的含量测定

吸取试液 5.00mL 于 50mL 容量瓶中，依次加入 0.5mL $100g \cdot L^{-1}$ 盐酸羟胺，2.5mL $1mol \cdot L^{-1}$ NaAc 溶液，1.5mL $1g \cdot L^{-1}$ 邻二氮菲溶液，用水稀释至刻度，摇匀，放置 10min。在最大吸收波长（510nm）下，用 1cm 的比色皿测定其溶液的吸光度。由吸光度在标准曲线上查出未知液中的铁含量，以 $mg \cdot L^{-1}$ 表示。

实验完毕后，用去离子水将比色皿洗干净，用滤纸、镜头纸吸干水分，放回原处。

【实验数据记录及处理】

表1　标准曲线的绘制

编号	1	2	3	4	5	6	7
铁的质量浓度/mg·L^{-1}							
吸光度/A							

列出标准曲线的回归方程并计算试样中铁的含量。

【思考题】

1. 为什么要控制被测液的吸光度最好在 0.15～0.7 的范围内？如何控制？

2. 由工作曲线查出的待测铁离子的浓度是否是原始待测液中铁离子的浓度？

【参考文献】

[1] 武汉大学.分析化学实验（上册）.第5版.北京：高等教育出版社，2011.

[2] 四川大学化学工程学院，浙江大学化学系.分析化学实验.第4版.北京：高等教育出版社，2015.

[3] 杨玲，白红进，刘文杰.大学基础化学实验.北京：化学工业出版社，2015.

有机化学实验部分

实验 1　重结晶提纯

【实验目的】

1. 了解重结晶的原理及方法。

2. 初步掌握热过滤、减压抽滤的操作方法。

【实验原理】

固体有机物在溶剂中的溶解度一般随温度的升高而增大。选择一个合适的溶剂，将含有杂质的固体物质溶解在热的溶剂中，形成热饱和溶液，趁热滤去不溶性杂质，滤液于低温处放置，使主要成分在低温时析出结晶，可溶性杂质仍留在母液中，产品纯度相对提高，此方法称之为重结晶。该方法是利用溶剂对被提纯物及杂质在不同温度时溶解度的不同达到分离纯化的目的。

【仪器与试剂】

1. 仪器

电炉、水泵、烧杯、锥形瓶、铁架台、布氏漏斗、表面皿。

2. 试剂

粗苯甲酸、沸石、粉末活性炭。

【实验步骤】

1. 溶解

称取 3g 工业苯甲酸粗品，置于 250mL 锥形瓶中，加水约 80mL，放在石棉网上加热至沸腾，并用玻璃棒搅动，使其溶解。若不全溶，可每次加 3~5mL 热水，加热，搅拌至全部溶解，总用水量约 110mL。（注意：每次加水加热搅拌后，若未溶物未减少，说明未溶物可能是不溶于水的杂质，可不必再加水。为了防止过滤时有晶体在漏斗中析出，溶剂用量可适当多一些）。与此同时将布氏漏斗放在另一个大烧杯中并加水煮沸预热，备用。

2. 脱色

暂停对溶液加热，稍冷后加入半匙活性炭，加入量为试样量的 1%~5%，搅拌使之分散开，重新加热并煮沸约 3min。

3. 热过滤

取出预热的布氏漏斗，立即放入事先选定的略小于漏斗底面的圆形滤纸，迅速安装好抽滤装置，以数滴沸水润湿滤纸，开泵抽气使滤纸紧贴漏斗底。将热溶液倒入漏斗中，每次倒入漏斗的液体不要太满，也不要等溶液全部滤完再加。待所有的溶液过滤完毕后，用少量热水洗涤漏斗和滤纸。

4. 结晶

滤毕，立即将滤液转入烧杯中用表面皿盖住杯口，室温放置冷却结晶。如果抽滤过程中晶体已在滤瓶中或漏斗尾部析出，可将晶体一起转入烧杯中，将烧杯放在石棉网上温热溶解后再在室温放置结晶。稍冷后，可再用冷水冷却，以使其尽快结晶完全。

5. 抽滤

结晶完成后，用布氏漏斗减压抽滤，用玻璃塞将结晶压紧，使母液尽量除去。（注意：减压结束时，应该先通大气，再关泵，以防止倒吸）。最后将晶体移至表面皿上，干燥，称重，计算产率。

【思考题】

1. 使用布氏漏斗过滤时，如果滤纸大于漏斗底面时，有什么不好？
2. 加活性炭脱色应注意哪些问题？
3. 利用重结晶法纯化有机化合物的依据是什么？

【参考文献】

[1] 黄丽红.基础化学实验.北京：化学工业出版社，2016.
[2] 王杨，贾红圣.有机化学与实验.北京：科学技术文献出版社，2016.
[3] 尹立辉，石军.实验化学教程.天津：南开大学出版社，2014.

实验 2　熔点的测定

【实验目的】

1. 理解物质熔点的测定原理和意义。

2. 掌握毛细管法测定熔点的操作方法。

【实验原理】

化合物的熔点是指在常压下该物质的固-液两相达到平衡时的温度。但通常把晶体物质受热后由固态转化为液态时的温度作为该化合物的熔点。纯净的固体有机化合物一般都有固定的熔点。在一定的外压下，固液两态之间的变化是非常敏锐的，自初熔至全熔温度（称为熔程）不超过 0.5～1℃。若混有杂质则熔点有明确变化，不但熔程扩大，而且熔点也往往下降。因此，熔点是晶体化合物纯度的重要指标。有机化合物熔点一般不超过 350℃，较易测定，故可借测定熔点来鉴别未知有机物和判断有机物的纯度。在鉴定某未知物时，如测得其熔点和某已知物的熔点相同或相近时，不能认为它们为同一物质。还需把它们混合，测该混合物的熔点，若熔点仍不变，才能认为它们为同一物质。若混合物熔点降低，熔程增大，则说明它们属于不同的物质。故此种混合熔点实验，是检验两种熔点相同或相近的有机物是否为同一物质的最简便方法。

目前，测定熔点的方法很多，应用最广泛的是 b 形熔点测定管法，也称提勒管法。b 形管法测熔点包括毛细熔点管的准备、样品的填装、仪器安装、熔点测定等步骤。此外，还可用各种显微熔点测定仪测定熔点。显微熔点测定仪由两部分组成：一是显微镜；二是电加热和带有侧孔且侧孔中插入已校正过的温度计的加热台。

【仪器与试剂】

1. 仪器

提勒管，毛细管[1]，酒精灯，温度计，铁架台。

2. 试剂（表1）

表 1 一些有机物的物理常数

名称	相对分子质量	熔点/℃	沸点/℃	密度(20℃)	水溶性	备注
尿素	60.06	135.0		1.3320	易溶	预先烘干
苯甲酸	122.12	122.4		1.2659	微溶	预先烘干
混合物		不定				预先烘干
液体石蜡		5.0	255～276	0.86～0.91	不溶	作热浴

【实验步骤】

1. 样品的填装

将毛细管的一端封口，把待测物研成细粉末，将毛细管未封口的一端插入粉末中，使粉末进入毛细管，再将其开口向上地从大玻璃管中垂直滑落，熔点毛细管在玻璃管中反弹蹦跳，使样品粉末进入毛细管的底部。重复以上操作，直至毛细管底部有 2～3mm 粉末并被墩紧莽[2]，如图 1 所示。

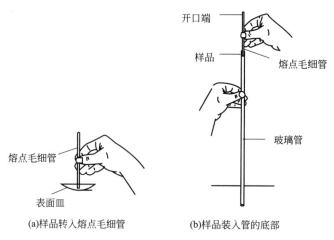

(a)样品转入熔点毛细管　　　　(b)样品装入管的底部

图1　熔点管样品的装填

2. 仪器的安装

将提勒管（如图2所示）固定在铁架台上，装入热浴液。使液面高度达到提勒管上侧管即可。熔点毛细管下端沾一点浴液润湿后粘附于温度计下端，并用橡皮圈将毛细管紧缚在温度计上[3]，样品部分应靠在温度计水银球的中部。温度计水银球恰好在提勒管的上下支管的中间位置为宜。

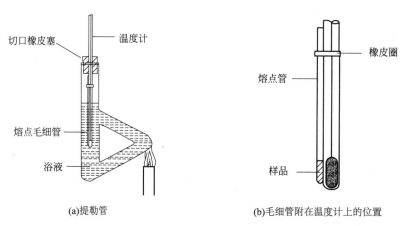

(a)提勒管　　　　　(b)毛细管附在温度计上的位置

图2　提勒管测熔点的装置

3. 测定熔点

首先粗测，以每分钟约5℃的速度升温，记录当管内样品开始塌落即有液相产生时（初熔）和样品刚好全部变成澄清液体时（全熔）的温度，这两者的温度范围即为被测样品的熔程。待热浴的温度下降大约30℃时，换一根样品管，重复上述操作进行精确测定。精确测定时，开始升温可稍快（每分钟上升约10℃），待热浴温度离粗测熔点约15℃时，改用小火加热（或将酒精灯稍微离开提勒管一些）使温度缓缓而均匀上升（每分钟上升1～2℃）。当接近熔点时，加热速度要更慢。

每个样品测2～3次，初熔点和全熔点的平均值为熔点，再将各次所测熔点的平均值作为该样品的最终测定结果。熔点测定数据列表如表2所示。

表 2　熔点测定数据记录表

次序	物质						
		初熔/℃	全熔/℃	熔距/℃	初熔/℃	全熔/℃	熔距/℃
1							
2							

【附注】

［1］　熔点管本身要干净，若含有灰尘，会产生误差。

［2］　样品一定要干燥，并要研成细粉末，往毛细管内装样品时，一定要反复墩实，否则产生空隙，不易传热，造成熔程变大。

［3］　用橡皮圈将毛细管缚在温度计旁，并使装样部分和温度计水银球处在同一水平位置，同时要使温度计水银球处于 b 形管上下支管的中心部位。

【思考题】

1. 样品粉碎不够细或填装不结实，对熔点的测定有何影响？

2. 精确测量时，升温太快，为何不能精确测量熔点？

3. 如何观察试样已经开始熔化和全部熔化？

【参考文献】

［1］　黄丽红 . 基础化学实验 . 北京：化学工业出版社，2016.

［2］　曾昭琼 . 有机化学实验 . 第 3 版 . 北京：高等教育出版社，2000.

实验 3　蒸馏和沸点的测定

【实验目的】

1. 掌握蒸馏和沸点测定的原理和方法，了解测定沸点的意义。
2. 掌握蒸馏的实验装置和操作技术。

【实验原理】

将液体混合物加热至沸腾使液体汽化，然后将蒸汽冷凝为液体的过程称为蒸馏。蒸馏通常用于分离两组分液态混合物，采用此法时要求两组分的沸点相差比较大（一般相差 20～30℃以上）才可以得到较好的分离效果。另外，如果两种物质能够形成恒沸物，不能采用蒸馏法来分离。采用蒸馏法还可以测定液态化合物的沸点。该法称为常量法，样品用量较大，一般要消耗 10mL 以上。在蒸馏过程，馏出第一滴馏分时的温度与馏出最后一滴馏分时的温度之差叫做沸程。沸程可以代表液态化合物的纯度，一般说来，纯度越高，沸程越小。

【仪器与试剂】

1. 仪器

电加热套，圆底烧瓶（50mL），蒸馏头，温度计（100℃），直形冷凝管，铁架台，长颈漏斗，尾接管，接收瓶，量筒，石棉网。

2. 试剂

工业酒精（20mL）。

【实验步骤】

1. 安装仪器

使用已经选择好的仪器按照热源、蒸馏瓶、蒸馏头、温度计、冷凝管、尾接管、接收瓶的次序依次安装。各仪器接头处要对接严密，确保不漏气。在装配过程中要注意：为保证温度测量的准确性，温度计水银球的上限与蒸馏头支管下限在同一水平线上；任何蒸馏装置均不能密封，否则，当液体蒸气压增大时，液体可能会冲出蒸馏瓶，发生爆炸并引起火灾。

2. 投料和加沸石

装置安装完毕，首先要检查各部位连接处是否紧密不漏气。然后向蒸馏瓶内投入2～3粒沸石，再把待蒸馏的液体通过长颈漏斗注入蒸馏瓶内，以免液体从支管流出。塞好带温度计的塞子，注意温度计的位置。再检查一次装置是否稳妥与严密。

3. 加热

加热前应先开启冷凝管的冷凝水[1]，注意冷水自下而上，蒸气自上而下，两者逆流冷却效果好。然后加热，调整火力使馏出液的速度以每秒钟1～2滴为宜。

4. 观察沸点及收集馏出液

蒸馏前至少需要准备两个接收瓶[2]，因为在达到所需物质的沸点前，常有沸点较低的液体先蒸出，这部分馏出液称为"前馏分"。将前馏分蒸完，温度趋于稳定后，蒸出的就是较纯的物质，称为"正馏分"。在正馏分基本蒸完，而高沸点的组分尚未大量蒸出时，温度将会有短暂的下降。继续加热，温度将再回升并超过原来恒定的温度，在较高的温度下达到新的气液平衡，这时蒸出的是沸点较高的液体组分。应该注意在温度下降时更换接收瓶接收第二个馏分。当烧瓶中残留少量（约0.5～1mL）液体时，即使杂质含量很少，也不要蒸干[3]，应停止蒸馏，以免蒸馏瓶破裂及发生爆炸事故。

5. 装置的拆除

蒸馏结束时，应先停止加热，稍冷后关闭冷却水，拆除仪器顺序与装配仪器时相反。

【附注】

[1] 冷却水流速以能保证蒸气充分冷凝为宜，通常只需保持缓缓水流即可。

［2］ 蒸馏有机溶剂均应用小口接收瓶，如锥形瓶。

［3］ 即使样品很纯，也不应蒸干。

【思考题】

1.蒸馏液体时为什么要加沸石？如果蒸馏前忘记加沸石，能否立即将沸石加至将近沸腾的液体中？当重新蒸馏时，用过的沸石能否继续使用？

2.温度计的水银球上部为什么要与蒸馏头支管口的下部在同一水平线上？

3.为什么冷凝水要从冷凝管下端流入，从上端流出？

【参考文献】

［1］ 黄丽红.基础化学实验.北京：化学工业出版社，2016.

［2］ 范望喜.有机化学实验.第2版.武汉：华中师范大学出版社，2010.

［3］ 武汉大学化学与分子科学学院实验中心.有机化学实验.第2版.武汉：武汉大学出版社，2017.

实验 4　从茶叶中提取咖啡因

【实验目的】

1.学习从天然产物中提取和分离生物碱的方法。

2.掌握索氏提取器的使用。

3.练习升华法提纯固体有机物的方法。

【实验原理】

咖啡碱又称咖啡因，具有刺激心脏、兴奋大脑神经和利尿等作用，主要用作中枢神经兴奋药。咖啡碱是一种生物碱，化学名称为 1,3,7-三甲基-2,6-二氧嘌呤，其结构式为：

茶叶中含有多种生物碱，其中以咖啡因为主，约占 $1\%\sim5\%$，丹宁酸约占 $11\%\sim12\%$，色素、纤维素、蛋白质等约占 0.6%，咖啡因是弱碱性化合物，能溶于水、乙醇、氯仿等，微溶于石油醚。丹宁酸易溶于水和乙醇，但不溶于苯。

含结晶水的咖啡碱为白色针状晶体，味苦，在 100℃ 时失去结晶水，并开始升华，120℃ 时升华现象相当显著，178℃ 时迅速升华。无水咖啡因的熔点为 238℃。为了提取茶叶中的咖啡因，可利用适当的溶剂氯仿、乙醇、苯等在索氏提取器中提取，然后蒸馏除去溶剂，即得到粗咖啡因。粗咖啡因还含有其他一些生物碱和杂质，利用升华法可以进一步提纯。

【仪器与试剂】

1. 仪器

索氏提取器[1]，电热套，石棉网，蒸发皿，玻璃棒，温度计，研钵，天平，量筒，玻璃漏斗，烧杯，蒸馏装置。

2. 试剂

茶叶，95％乙醇，生石灰。

【实验步骤】

1. 咖啡因的提取

称取10g碾碎的茶叶末，用滤纸包成圆柱形纸筒，放入索氏提取器[2]中，在圆底烧瓶中加入100mL 95％乙醇和几粒沸石，然后加热，连续提取1.5h（虹吸4～5次）。当提取液的颜色变得较浅，提取器内的液体刚刚下去时，停止加热。

2. 蒸馏浓缩

稍冷，将装置改为蒸馏装置（只需在原烧瓶上加上蒸馏器件），回收提取液中的大部分乙醇，当烧瓶中液体只剩下2～4mL时，停止加热。

3. 加碱中和并除水[3]

趁热将瓶中的残液倾入蒸发皿中，加入4g生石灰粉，搅拌，中和除去部分酸性杂质，并可吸水使成糊状。在蒸汽浴上蒸干，不断搅拌，压碎块状物，使成粉状物。然后将蒸发皿移至石棉网上小火焙炒片刻，除尽水分。冷却后，擦去沾在蒸发皿边缘上的粉末，让粉末均匀铺于蒸发皿底部，以免在升华时污染产物。

4. 升华

在蒸发皿上盖一张刺有许多小孔且孔刺向上的滤纸，再在滤纸上罩一个口径合适的玻璃漏斗，用酒精灯隔着石棉网小火加热，适当控制温度[4]，尽可能使升华速率放慢，当漏斗内壁或滤纸上出现许多白色针状结晶时，暂停加热，冷却至100℃左右。小心取下漏斗，揭开滤纸，将滤纸上和蒸发皿周围的咖啡因晶体刮下，残渣经搅拌后用较大的火再加热升华一次，使升华完全。合并两次升华收集的咖啡因并称重。

【附注】

[1] 索氏提取器为配套仪器，其任一部件损坏将会导致整套仪器的报废，特别是虹吸管极易折断，所以在安装仪器和实验过程中要特别小心。

[2] 用滤纸包茶叶末时要严实，上下端用棉线扎紧，以防止茶叶末漏出堵塞虹吸管。滤纸包高度不能超出虹吸管高度。

[3] 升华前，一定要将水分完全除去。

[4] 升华过程中要控制好温度。若太低，升华速率较慢；若太高，会使产物发黄（分解）。

【思考题】

1. 本实验中生石灰的作用有哪些？
2. 除可用乙醇萃取咖啡因外，还可采用哪些溶剂萃取？
3. 具有何种性质的化合物可以通过升华加以纯化？

【参考文献】

[1] 曾昭琼. 有机化学实验. 第 3 版. 北京：高等教育出版社，2000.
[2] 黄丽红. 基础化学实验. 北京：化学工业出版社，2016.
[3] 王铮. 有机化学实验. 第 2 版. 北京：清华大学出版社，2015.

实验 5　乙酸乙酯的制备

【实验目的】

1. 通过乙酸乙酯的制备了解从羧酸合成酯的一般原理及方法。
2. 掌握回流和蒸馏操作以及分液漏斗的使用方法。
3. 掌握有机液体化合物的干燥方法。

【实验原理】

乙酸乙酯可通过乙酸和乙醇在浓硫酸催化下直接酯化来制取，反应式为：

$$CH_3COOH + CH_3CH_2OH \underset{\triangle}{\overset{浓\ H_2SO_4}{\rightleftharpoons}} CH_3COOCH_2CH_3 + H_2O$$

在浓硫酸存在下加热，还会发生乙醇分子间脱水生成乙醚的副反应，反应式为：

$$2CH_3CH_2OH \underset{\triangle}{\overset{浓\ H_2SO_4}{\rightleftharpoons}} CH_3CH_2OCH_2CH_3 + H_2O$$

乙酸与乙醇在强酸催化下加热反应生成乙酸乙酯，这是一个可逆反应。酯化反应平衡常数不太大，如乙酸与乙醇酯化反应平衡常数为 4，若用等摩尔比的乙酸与乙醇反应，则达到平衡时只有 66.6% 的酸或醇转化为酯。为了提高乙酸乙酯的产率，实验中采用增加某反应物的比率或不断移去一种或全部产物，以提高反应收率。本实验采用乙酸与过量的乙醇作用生成乙酸乙酯，利用酯和水形成了二元共沸混合物（沸点 70.4℃），且沸点比乙醇（78℃）和乙酸（118℃）的沸点都低的特点，及时蒸出产物酯。

【仪器与试剂】

1. 仪器

圆底烧瓶（100mL），蒸馏头，温度计，直形冷凝管，接引管，锥形瓶，量筒，烧杯，分液漏斗，电加热套，沸石，pH 试纸，阿贝折光仪。

2. 试剂

无水乙醇，冰醋酸，浓硫酸，饱和碳酸钠溶液，饱和食盐水溶液，无水硫酸镁，无水氯化钙。

【实验装置图】

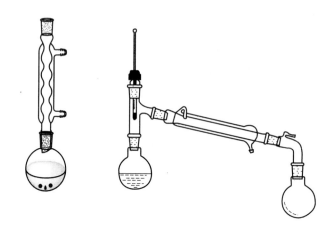

【实验步骤】

1. 酯化反应

在 100mL 圆底烧瓶中加入 19mL（15g，0.32mol）无水乙醇和 12mL（12g，0.20mol）冰醋酸，再小心加入 5mL 浓 H_2SO_4。充分摇匀后加入 2~3 粒沸石，然后装上回流冷凝管。用电加热套小火加热至微沸[1]，并继续保持 0.5h。停止加热，冷却反应物。将回流装置改成蒸馏装置，接收瓶用冷水冷却。加热蒸除生成的乙酸乙酯[2]，直到馏出液体积约为反应物总体积的 1/2 为止。

2. 产物提纯

在馏出液中缓慢地加入饱和 Na_2CO_3 溶液，并不断振荡，直至不再有二氧化碳气体产生（或调节 pH 至不再显酸性）。然后将混合液转入 125mL 分液漏斗，分去下层水溶液，酯层用 10mL 饱和食盐水洗涤[3]，再用 10mL 饱和 $CaCl_2$ 溶液洗涤，最后用水洗一次，分去下层液体。有机层倒入一干燥的 50mL 锥形瓶中，用无水 $MgSO_4$ 干燥约 0.5h，其间经常摇动锥形瓶。粗产物约 12.7g，产率约 72%。

将干燥后的粗产品滤入干燥的 50mL 圆底烧瓶中，加入沸石后在水浴上进行蒸馏[4]。收集 73~78℃的馏分于已称重的干燥的 50mL 锥形瓶中。产量约 10g，产率约为 57%。

3. 测折光率

纯乙酸乙酯为无色而有香味的液体，bp 为 77.06℃，折射率 n_D^{20} 为 1.3723。

【附注】

[1] 反应温度不宜过高，否则会增加副产物乙醚的产量。

[2] 馏出液成分为产物乙酸乙酯、水、少量未反应的乙醇和乙酸、副产物乙醚。

可以用碱除去未反应的酸，并用饱和氯化钙溶液来除去未反应的醇。

[3] 乙酸乙酯层用 Na_2CO_3 洗涤后，若直接用 $CaCl_2$ 溶液洗涤以除去醇，有可能产生絮状的 $CaCO_3$ 沉淀，使进一步分离变得困难。所以在这两步操作之间先用水洗一次。由于乙酸乙酯在水中有一定的溶解度，所以实际上是用饱和食盐水进行洗涤，以减少损失并使酯层和水层更易分离。

[4] 乙酸乙酯与水或乙醇可分别生成共沸混合物。三者共存时，则生成三元共沸混合物。所以，蒸馏前必须将酯层中的乙醇尽量除尽和干燥，否则形成低沸点的共沸混合物，如表1所示，影响酯的产率。

表 1　共沸混合物沸点与组成关系

沸点/℃	组成/%		
	乙酸乙酯	乙醇	水
70.2	82.6	8.4	9.0
70.4	91.9	/	8.1
70.8	69.0	31.0	/

【思考题】

1. 酯化反应有什么特点？本实验如何创造条件提高乙酸乙酯产率？
2. 乙酸乙酯的合成过程中可能有哪些副反应？
3. 粗产品中有哪些杂质？如何除去？

【参考文献】

[1] 曾和平. 有机化学实验. 第 4 版. 北京：高等教育出版社，2014.
[2] 武汉大学化学与分子科学学院实验中心. 有机化学实验. 第 2 版. 武汉：武汉大学出版社，2017.
[3] 赵慧春，申秀民，张永安. 大学化学基础实验. 北京：北京师范大学出版社. 2008.

实验 6　柱色谱法分离甲基橙和亚甲基蓝

【实验目的】

1. 了解柱色谱的分离原理及其实验操作技术。
2. 学习用吸附柱色谱法分离色素混合物。

【实验原理】

甲基橙和亚甲基蓝均为指示剂，它们的结构式为：

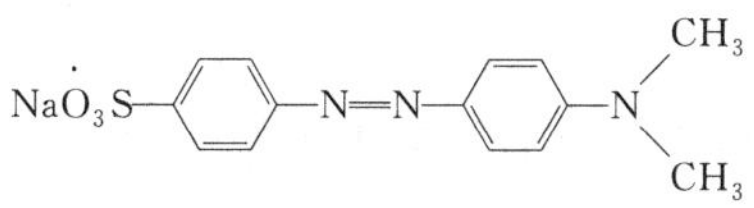

甲基橙 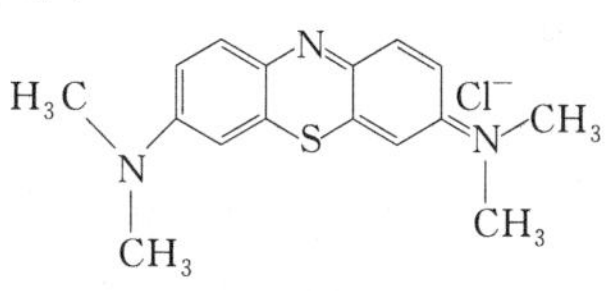　　　　　　　　　　　　　亚甲基蓝

由于甲基橙和亚甲基蓝的结构不同，极性不同，吸附剂对它们的吸附能力不同，洗脱剂对它们的解吸速率也不同。使用极性小的洗脱剂时，吸附能力弱、解吸速率快的亚甲基蓝优先被洗脱下来；而使用极性大的洗脱剂，吸附能力强，解吸速率慢的甲基橙后被洗脱下来，从而使两种物质得以分离。本实验以中性氧化铝作为吸附剂，95％乙醇作为洗脱剂，先洗脱出亚甲基蓝，再以5％的氢氧化钠作为洗脱剂将甲基橙洗脱下来。

【仪器与试剂】

1. 仪器

色谱柱（内径约为20mm，长约为400mm），锥形瓶（250mL），脱脂棉，石英砂，滤纸，滴液漏斗，玻璃棒。

2. 药品

中性氧化铝（100～140目柱色谱用），甲基橙和亚甲基蓝的乙醇混合液[1]，95％乙醇，菠菜叶，无水 Na_2SO_4，饱和 NaCl 溶液，洗脱剂1（95％乙醇和5％NaOH），洗脱剂2（石油醚：丙酮＝9：1，石油醚：丙酮＝1：1）

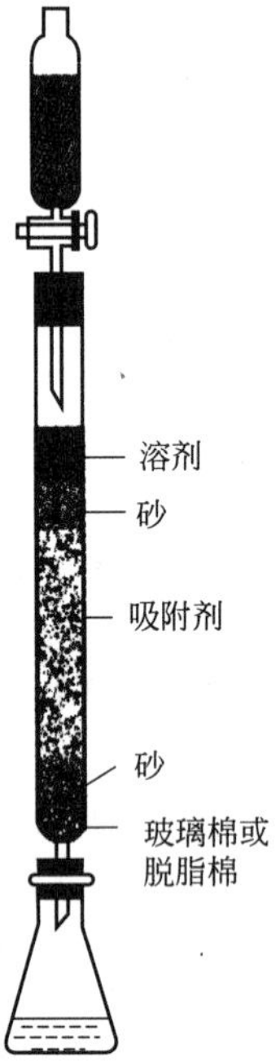

【实验步骤】

1. 装柱（干法）

按图1所示，将干燥、洁净的色谱柱[2] 固定在铁架上，取一小团脱脂棉装入色谱柱的底部，轻轻压紧（若过紧，洗脱速率太慢）。在脱脂棉上铺一层约5mm厚的无水硫酸钠。通过一个干燥的玻璃漏斗慢慢地加入中性氧化铝（7～10g），边加边用洗耳球（或套有橡皮管的玻棒）轻敲色谱柱的下端，使中性氧化铝填充均匀、适度紧密[3]，顶层平整。在中性氧化铝顶层铺一层约5mm厚的石英砂，砂面平整，以保护柱面。沿管壁向柱中缓缓倒入适量95％乙醇，使柱内氧化铝全部润湿，同时打开色谱柱下口活塞，控制液体流速为 1 滴·s^{-1}，并用锥形瓶接收流出的乙醇。操作时要注意吸附剂始终不能露出液面。

图1　柱色谱装置

2. 加样

当乙醇液面下降至刚好与石英砂面相切时，立即关闭活塞。向柱内滴加1mL的甲基橙和亚甲基蓝的混合物（乙醇溶液），应尽量避免混合物粘附在柱的内壁上。打开活塞，当此混合物液面接近表面时，迅速用滴管沿管壁加入1mL 95％的甲基橙和亚甲基蓝的乙醇样品液。

3. 洗脱

当样品液面下降至与砂面相平时，用约1mL的乙醇淋洗管壁上的色素，待色素稍稍下移一段距离时，立即在柱口装置一滴液漏斗（内盛95％乙醇），调节滴液漏斗活塞，以控制滴入速率与柱流出速率相同，使柱上端液面保持 2～3cm 高度，直至柱上明显分出橙、蓝两个色带。当蓝色色带到达柱底部时，更换锥形瓶收集蓝色的亚甲基蓝溶液。当蓝色溶液收集完后，等柱内液面接近石英砂平面时，加入 5％ NaOH 溶液洗脱，用另一锥形瓶收集橙色的甲基橙溶液，待甲基橙全部被洗脱下来，即分离完毕[4,5]。

【附注】

[1] 混合液由 0.05g 甲基橙和 0.25g 亚甲基蓝溶于 110mL 95％乙醇中配成。

[2] 若色谱柱是由酸式滴定管改制而成，则下端活塞不用涂凡士林或油脂，否则会影响分离产物的纯度。

[3] 若色谱柱填装不紧密不均匀，或有气泡，会影响渗透速率，使色带不整齐。显色的均匀度也差。但过于紧密，会使洗脱很慢。

[4] 实验结束后，应让溶剂尽量流干，用洗耳球从活塞口向管内挤压空气，将吸附剂从柱顶挤压出去，并倒入垃圾桶内。

[5] 色谱柱使用后，应用水冲洗干净，玻璃塞和活塞用薄纸包裹后塞回色谱柱。

【思考题】

1. 装柱操作过程中，应注意的事项是什么？
2. 上样操作过程中，应注意的事项是什么？
3. 极性大的组分为什么要用极性较大的溶剂洗脱？

【参考文献】

[1] 曾和平. 有机化学实验. 第 4 版. 北京：高等教育出版社，2014.
[2] 武汉大学化学与分子科学学院实验中心. 有机化学实验. 第 2 版. 武汉：武汉大学出版社，2017.
[3] 赵慧春，申秀民，张永安. 大学化学基础实验. 北京：北京师范大学出版社. 2008.

实验 7　乙酰水杨酸的制备

【实验目的】

1. 学习用乙酸酐作为酰基化试剂制备乙酰水杨酸的方法。
2. 掌握重结晶，减压过滤，熔点测定等操作。

【实验原理】

乙酰水杨酸（Acetyl Salicylic Acid），通常称为阿司匹林（Aspirin），是由水杨酸（邻羟基苯甲酸）和乙酸酐合成的。早在 18 世纪，人们已经从柳树皮中提取了水杨酸，并注意到它可以作为止痛、退热和抗炎药，不过对肠胃刺激作用很大。19 世纪末，人们终于成功地合成了可以代替水杨酸的有效药物——乙酰水杨酸。直到目前，阿司匹林仍然是一个广泛使用的具有解热止痛作用治疗感冒的药物。

水杨酸是一个具有羟基和羧基双官能团的化合物，能进行两种不同的酯化反应。当与乙酸酐作用时，可以得到乙酰水杨酸，即阿司匹林。其反应式为：

$$\text{水杨酸} + \text{乙酸酐} \xrightarrow{H^+} \text{乙酰水杨酸} + \text{乙酸}$$

在生产乙酰水杨酸的同时，水杨酸分子之间可以发生缩合反应，生成少量的聚合物，其反应式为：

$$n \text{水杨酸} \xrightarrow{H^+} \text{聚合物} + n H_2O$$

【仪器与试剂】

1. 仪器

恒温水浴锅，分析天平，锥形瓶（125mL，配橡皮塞，割小缺口），量筒（20mL），pH 试纸，布氏漏斗，抽滤瓶。

2. 试剂

水杨酸，乙酸酐（新蒸馏），浓硫酸，氯化铁溶液（1%），盐酸，饱和碳酸氢钠溶液。

【实验步骤】

1. 乙酰化反应

在 125mL 干燥锥形瓶中加入 2g 水杨酸、慢慢加入新蒸馏的 5mL 乙酸酐[1] 和 5 滴浓硫酸，旋转摇动锥形瓶使水杨酸全部溶解。在水浴上加热 5～10min，控制浴温在 85～90℃[2]。冷至室温，即有乙酰水杨酸结晶析出。若不结晶，可用玻璃棒摩擦瓶壁并将反应物置于冰水中冷却使结晶产生。加入 30mL 水，将混合物继续在冰水浴中冷却使结晶完全。

2. 减压过滤

粗产物用减压过滤装置抽滤，用滤液反复淋洗锥形瓶直至所有晶体被收集到布氏漏斗中。用少量冷水洗涤结晶数次，继续抽吸，将溶剂尽量抽干。

3. 产物提纯

将粗产物转移至 150mL 烧杯中，在搅拌下加入适量的饱和碳酸氢钠溶液（约 25mL），加完后继续搅拌几分钟，直至无二氧化碳产生。抽滤，副产物被滤除[3]，用 5～10mL 水冲洗漏斗，合并滤液并转至烧杯中，用 20%盐酸（约 15mL）酸化至 pH=1.5，即有乙酰水杨酸沉淀析出。将烧杯置于冰水浴中冷却，使结晶完全。减压过滤，用冷水洗涤 2～3 次，抽干水分，将晶体转至表面皿上，干燥后称重，产量约 1.5g。

4. $FeCl_3$ 检测

取几粒结晶加入盛有 5mL 蒸馏水的试管中，加入 1～2 滴 1% 的 $FeCl_3$ 溶液，观察有无颜色反应。

【附注】

[1] 仪器要全部干燥，药品也要经过干燥处理，乙酸酐使用前需重新蒸馏提纯。

[2] 乙酰水杨酸受热后易发生分解，分解温度为 126～135℃，因此实验中要注意控制好反应温度。结晶时不宜长时间加热，产品采取自然晾干。

[3] 产品可以用乙醇-水或苯-石油醚重结晶进一步提纯。

【思考题】

1. 制备乙酰水杨酸时，浓硫酸起什么作用？

2. 制备乙酰水杨酸的反应中有哪些副产物？如何除去？

3. 如何判断水杨酸是否反应完全？

【参考文献】

[1] 曾和平. 有机化学实验. 第四版. 北京：高等教育出版社，2014.

[2] 武汉大学化学与分子科学学院实验中心. 有机化学实验. 第 2 版. 武汉：武汉大学出版社，2017.

[3] 赵慧春，申秀民，张永安. 大学化学基础实验. 北京：北京师范大学出版社. 2008.

实验 8　糖类的性质

【实验目的】

1. 熟悉糖类化合物的化学性质。

2. 掌握糖类物质的鉴定方法。

【实验原理】

糖类化合物是指多羟基醛、多羟基酮和它们的脱水缩合物，通常分为单糖、低聚糖和多糖三类。糖类化合物比较普遍的定性试验是莫利许（Molisch）反应，即在浓硫酸存在下，糖与 α-萘酚作用生成紫色环。谢里瓦诺夫（Selivanoff）反应常被用于区别酮糖和醛糖，在与间苯二酚的盐酸溶液作用时，酮糖比醛糖反应快。例如：果糖在两分钟内生成鲜红色产物，而醛糖或多糖所需时间更长。

糖类物质又分为还原糖和非还原糖。前者含有半缩醛（酮）的结构，能使本尼迪克特（Benedict）试剂、斐林（Fehling）试剂和托伦（Tollens）试剂还原。不含有半缩醛（酮）结构的糖不具有还原性，称为非还原糖，不能与本尼迪克特（Benedict）试剂、斐林（Fehling）试剂和托伦（Tollens）试剂作用。

蔗糖是一种非还原糖，经水解后能生成葡萄糖和果糖的混合物，又称为转化糖。转化糖有还原性，能与本尼迪克特（Benedict）等试剂作用。

还原糖与过量的苯肼作用生成糖脎。糖脎具有良好的结晶性和一定的熔点。可以根据糖脎的晶形和熔点鉴别不同的糖。即使不同的糖能产生同一糖脎，也可利用反应速率不同，析出糖脎的时间不同加以区别。例如：果糖2min左右成脎，而葡萄糖则要过5min后才能成脎。非还原糖则无此反应。

淀粉是由很多葡萄糖以 α-苷键连结而成的多糖。淀粉无还原性，在酸作用下水解生成葡萄糖，淀粉与碘生成蓝色配合物。

【仪器与试剂】

1. 仪器

显微镜，载玻片。

2. 试剂

2%葡萄糖，2%果糖，2%蔗糖，2%麦芽糖，2%乳糖，2%淀粉，2%丙酮，本尼迪克特（Benedict）试剂，莫利许（Molisch）试剂，谢利瓦诺夫（Selivanoff）试剂，盐酸苯肼-醋酸钠，1%碘液，浓 H_2SO_4，3mol/L H_2SO_4，10%Na_2CO_3，红色石蕊试纸。

【实验步骤】

1. 莫利许实验[1]

取五支试管，分别加入1mL的2%葡萄糖、2%蔗糖、2%麦芽糖、2%淀粉溶液以及2%丙酮水溶液。分别向试管中加入2～4滴新配制的莫利许试剂（10% α-萘酚的酒精溶液），混合均匀。把试管倾斜45°，沿管壁缓慢加入1mL浓硫酸。切勿摇动，硫酸在下层，样品在上层，注意观察两层交界处，如出现紫色环，表示溶液含有糖类化合物。若数分钟后无颜色，可在水浴中温热后再观察实验现象。

2. 谢里瓦诺夫实验

取两支试管，分别加入10滴谢里瓦诺夫（Selivanoff）试剂（间苯二甲酸的盐酸溶液）。再向试管中分别加入2滴2%葡萄糖、2%果糖。混合均匀后，将两支试管同时放入沸水浴中加热2min，观察颜色变化及生成的快慢。

3. 糖的还原性实验

取四支试管，分别加入10滴本尼迪克特（Benedict）试剂[2]，再分别加入5滴2%葡萄糖、2%果糖、2%蔗糖、2%麦芽糖。混合均匀后，在沸水浴中加热2～3min，随后自然冷却（缓慢冷却生成的氧化亚铜颗粒较粗）后观察实验现象。

4. 糖脎的生成

取两支试管，分别加入1mL的2%葡萄糖、2%乳糖，再各加入0.5mL新配制的盐酸苯肼-醋酸钠溶液[3]。混合均匀后，取少量棉花塞住试管口[4]，同时放入沸水浴中加热30min。取出后，自然冷却。此时即有黄色结晶析出[5]，取少许结晶放在载玻片上，在显微镜下观察糖脎的结晶形状。

5. 蔗糖的水解

取两支试管，分别加入 1mL 的 2% 蔗糖溶液，然后向其中一支试管中加入 2 滴 3mol·L^{-1} 的 H_2SO_4，并将此试管在沸水浴中加热 5～10min，随后自然冷却。加入 10% Na_2CO_3 溶液至呈现碱性（用石蕊试纸检测）。再向两支试管中各加入 10 滴本尼迪克特（Benedict）试剂，并在沸水浴中加热 3～4min，观察两试管中的实验现象。

6. 淀粉水解试验

在试管中加入 2mL 的 2% 淀粉溶液，再加 5 滴 3mol·L^{-1} 的 H_2SO_4，在沸水浴中加热 10min，自然冷却后反应液用 Na_2CO_3 溶液中和至碱性（用石蕊试纸检测）。取 5 滴反应液加入到另一支试管中，加入 10 滴本尼迪克特（Benedict）试剂，再将该试管放在沸水浴中加热 2～3min，观察实验现象。

7. 淀粉与碘的反应

在试管中加入 5 滴 2% 淀粉溶液，再加入 1mL 水稀释，然后加入 1 滴 1% 碘液，混合均匀，观察有何颜色产生。然后，将溶液加热，观察实验现象。冷却后，再观察实验有什么变化？

【附注】

［1］ 该实验是鉴别糖类化合物常用的颜色反应，但氨基糖不发生此反应。此外，丙酮、甲酸、乳酸、草酸、葡萄糖醛酸、各种糠醛衍生物及甘油醛等均可产生近似的颜色反应。因此，若发生此反应仅说明可能有糖存在，仍需进一步做其他实验才能确证。

［2］ 在临床上检验尿糖时常用本尼迪克特（Benedict）试剂。因为尿液中含有还原性的尿酸等成分，对本尼迪克特（Benedict）试剂的干扰程度不如斐林试剂大。此外，斐林试剂中含有强碱 NaOH，在加热的情况下容易破坏溶液中还原糖的结构。本尼迪克特（Benedict）试剂中使用 Na_2CO_3 代替 NaOH，可以避免此缺点。

［3］ 苯肼盐与醋酸钠作用生成苯肼醋酸盐，弱酸弱碱所生成的盐在水中容易水解生成苯肼。醋酸钠能起到缓冲作用，可调节 pH 在 4～6 的范围内，利于糖脎的生成。苯肼毒性较大，操作时应小心，防止试剂溢出或粘到皮肤上。如不慎触及皮肤，应先用稀醋酸洗，继之以水洗。

［4］ 苯肼蒸气有毒，用棉花塞住试管口以减少苯肼蒸气的逸出。

［5］ 如果在煮沸过程中溶液浓缩，则溶液呈现淡红而无结晶生成，待用水稀释后才能生成结晶。

【思考题】

1. 什么是还原糖和非还原糖？它们在结构上有何特征？指出实验中的还原糖和非还原糖。

2. 在糖类的还原性实验中，若将蔗糖与本尼迪克特（Benedict）试剂长时间加热时，有时也能得到正性结果。怎样解释这一现象呢？

3. 在浓 H_2SO_4 存在下与莫利许（Molisch）试剂作用生成紫色色环的化合物是否一定是糖？

【参考文献】

[1] 黄丽红. 基础化学实验. 北京：化学工业出版社，2016.

[2] 宋毛平，何占航. 基础化学实验与技术. 北京：化学工业出版社，2008.

[3] 赵慧春，申秀民，张永安. 大学化学基础实验. 北京：北京师范大学出版社. 2008.

实验 9　蛋白质和氨基酸的性质

【实验目的】

1. 掌握蛋白质和氨基酸的主要性质。
2. 了解常用的鉴定蛋白质和氨基酸的方法。
3. 了解蛋白质等电点的测定方法。
4. 熟悉氨基酸和蛋白质的主要化学性质。

【实验原理】

蛋白质是存在于细胞中的一种含氮生物高分子化合物，结构十分复杂，常用水合茚三酮和缩二脲等显色反应作为蛋白质的定性与定量反应。在酸、碱存在下，或酶的作用下，蛋白质会发生水解，最终产物为各种氨基酸，其中以 α-氨基酸为主。α-氨基酸是组成蛋白质的基本单位，与水合茚三酮反应生成蓝紫色（脯氨酸和羟脯氨酸除外）物质。

蛋白质分子内具有游离的氨基和羧基，故为两性物质，能产生两性电离。调节溶液的 pH，使偶极离子浓度达到最大，此时溶液的 pH 就是蛋白质的等电点。处于等电点状态的蛋白质溶解度最小，易析出沉淀。

蛋白质溶液中加入电解质到一定浓度时，由于蛋白质脱去水化层而聚集沉淀，因而产生盐析，蛋白质从溶液中沉淀出来。

在某些物理因素或化学试剂的作用下，蛋白质分子结构中的肽键被破坏，从而使其空间结构也被不同程度地破坏，导致其理化性质和生物活性也随之改变，这种现象称为蛋白质的变性。变性会导致蛋白质的溶解度降低，容易沉淀和凝固。因此，常利用这些物理、化学因素来分离、提纯蛋白质。蛋白质的变性作用在临床上已有许多实际的应用，例如：加热、加压、紫外线消毒就是利用蛋白质的变性作用而使细菌失活。血滤液的制备就是用钨酸或三氯醋酸使血液中的蛋白质变性沉淀，过滤后才能从血滤液中测定各种非蛋白成分。

【仪器与试剂】

1. 仪器

试管，量筒，滴管，常用仪器。

2. 试剂

0.2％亮氨酸，蛋白质溶液，0.2％茚三酮，0.1mol·L^{-1} HCl，0.1mol·L^{-1} NaOH，10％ NaOH，1％ CuSO$_4$，(NH$_4$)$_2$SO$_4$（固体），浓 HCl。

【实验步骤】

1. 水合茚三酮反应

取两支洁净的试管，分别加入 5 滴 0.2％亮氨酸溶液和 15 滴蛋白质溶液，再各加入 0.2％水合茚三酮溶液 5 滴，摇匀后在沸水浴中加热 10～15min，取出冷却，观察颜色变化[1]。

2. 缩二脲反应[2]

取一支洁净的试管，向其中依次加入 5 滴蛋白质溶液，2 滴 10％ NaOH 溶液以及 2 滴 1％ CuSO$_4$ 溶液，摇匀后观察颜色的变化。

3. 蛋白质的两性反应

在一支洁净的试管中加入 2mL 蛋白质溶液，逐滴加入 0.1mol·L^{-1} 的 HCl 溶液，每加入 1 滴后轻轻摇动试管，观察有无沉淀发生。当沉淀出现后，继续滴加 0.1mol·L^{-1} HCl 溶液，观察发生什么现象？改用 NaOH 溶液，逐滴加入 0.1mol·L^{-1} NaOH 溶液，观察有无沉淀出现，继续滴加 0.1mol·L^{-1} NaOH 出现什么情况？

4. 蛋白质的盐析

取一支洁净的试管，加入 5 滴蛋白质溶液，然后加入固体 (NH$_4$)$_2$SO$_4$，边加边小心搅拌，待加到一定浓度时，观察有什么现象产生？用大量水稀释后，又有什么现象发生？

5. 蛋白质的变性

（1）在一支洁净的试管中加入 5 滴浓 HCl，将试管倾斜，小心沿管壁加入 5 滴蛋白质溶液，观察在浓 HCl 与蛋白质的接触面上有何现象产生？

（2）在一支洁净的试管中加入 5 滴蛋白质溶液以及 2 滴 1％的 CuSO$_4$ 溶液，观察有无沉淀产生。

【附注】

[1]　氨基酸和蛋白质都可与茚三酮的水合物作用，在水溶液中加热时即产生具有蓝紫色的化合物。此反应是所有 α-氨基酸共有的反应，非常灵敏，即使 α-氨基酸的水溶液稀释至 1∶1500000 亦能呈现颜色。

[2]　蛋白质分子中含有许多肽键，因此可以发生缩二脲反应（蛋白质与硫酸铜生成了配合物而呈紫色）。蛋白质的水解中间产物如胨、朊、多肽也能起缩二脲反应。

【思考题】

1. 根据实验结果，说明蛋白质溶液因加酸、碱或盐而出现沉淀生成和溶解的原因。
2. 什么是缩二脲反应？哪些物质能产生缩二脲反应？

【参考文献】

[1] 黄丽红. 基础化学实验. 北京：化学工业出版社，2016.
[2] 宋毛平，何占航. 基础化学实验与技术. 北京：化学工业出版社，2008.
[3] 赵慧春，申秀民，张永安. 大学化学基础实验. 北京：北京师范大学出版社. 2008.

实验 10　旋光度的测定

【目的要求】

1. 了解测定旋光度的基本原理及意义。
2. 掌握用旋光仪测定溶液或液体物质的旋光度的方法。

【实验原理】

只在一个平面上振动的光叫做平面偏振光，简称偏振光。物质能使偏振光的振动平面旋转的性质，称为旋光性或光学活性。具有旋光性的物质，叫做旋光性物质或光学活性物质。旋光性物质使偏振光的振动平面旋转的角度叫做旋光度。使偏振光振动平面向右（顺时针方向）旋转叫右旋，以"＋"表示；向左（逆时针方向）旋转叫左旋，以"－"表示。许多有机化合物，尤其是来自生物体内的大部分天然产物，如氨基酸、生物碱和碳水化合物等，都具有旋光性。这是因为它们的分子结构具有手性。因此，旋光度的测定对于研究这些有机化合物的分子结构具有重要的作用，此外，旋光度的测定对于确定某些有机反应的反应机理也是很有意义的。

一个光学活性化合物的旋光性可用比旋光度 $[\alpha]_D^t$ 表示：

$$[\alpha]_D^t = \frac{\alpha}{\rho_B \cdot l}$$

式中，α 为由旋光仪测得的旋光度；ρ_B 为溶液的质量浓度，$kg \cdot L^{-1}$；l 为盛液管的长度，dm；D 为钠光谱中的 D 线（$\lambda = 589nm$）；t 为测定时的温度。

如被测的光学活性化合物本身为液体，不必配成溶液，可直接装入盛液管中测定，纯液体的比旋光度由下式求出：

$$[\alpha]_D^t = \frac{\alpha}{d \times l \times 10^3}$$

式中，d 为纯液体的密度。

比旋光度是旋光性物质的一个物理常数。测定旋光度和比旋光度，可以鉴别旋光性物质，检测旋光性物质的纯度和含量。

【仪器与试剂】

1. 仪器

WXG -4 小型旋光仪，分析天平，100mL 容量瓶。

2. 试剂

葡萄糖（分析纯），果糖（分析纯），蒸馏水

【实验步骤】

1. 配制溶液

准确称取 10.0～10.5g 葡萄糖或果糖，并用蒸馏水溶解，在 100mL 容量瓶中配成葡萄糖溶液或果糖溶液（溶液必须透明，否则需用干燥滤纸过滤）。在另一个 100mL 容量瓶中配制任意未知浓度的葡萄糖溶液。

2. 盛放待测液

选取适当测定管（管长有 1dm、2dm、2.2dm 等几种规格），洗净后用少量待测液润洗 2～3 次。然后注入待测液，使液面在管口形成一凸面，将玻璃盖沿管口边缘平推盖好，勿使管内留有气泡。装上橡皮圈，旋上螺帽至不漏水即可，螺帽不宜过紧，否则护片玻璃会引起应力，影响读数。用滤纸将测定管擦净，以待备用。

3. 零点校正

开启旋光仪电源开关，约 5min 后钠光灯发光正常。将装满蒸馏水的测定管放入旋光仪中，旋转目镜上视度调节螺旋，直到三分视场界线变得清晰，达到聚焦为止。转动刻度盘手轮，使游标尺上的 0°线对准刻度盘 0°。观察三分视场亮度是否一致，如不一致说明零点有误差，转动刻度盘手轮（检偏镜随刻度盘一起转动），直到三分视场明暗程度一致，记录刻度盘读数，重复 2～3 次，取平均值，该值为零点校正读数。

4. 旋光度的测定[1]

将盛有待测样品的测定管放入镜筒，罩上镜筒盖，转动刻度盘手轮，使三分视场的明暗度一致，记录刻度盘上所示读数[2]，准确至小数点后两位。此读数与零点校正读数之间的差值即为该物质的旋光度。重复 2～3 次，取平均值。

然后再以同样步骤测定第二种待测液。

本实验要求分别测定已知浓度的葡萄糖和果糖的旋光度，测定未知浓度葡萄糖的旋光度，再分别计算其比旋光度和百分比浓度。

当测试完毕后，测定管中的溶液要及时倒出，用蒸馏水洗干净，擦干放好。所有镜片不能用手直接擦，应用柔软绒布擦拭。

【附注】

[1] 旋光度与温度有关，当用钠光测定时，温度每升高 1℃，大多数光学活性化

合物的旋光度约减少 0.3%。要求较高的测定需恒温在 20℃±2℃ 的条件下进行。

[2] 读数方法：刻度盘分两个半圆分别标出 0°～180°，并有固定的游标分为 20 等份，等于刻度盘 19 等份。读数时先看游标的"0"落在刻度盘上的位置，记下整数值，再利用游标尺与主盘上刻度画线重合的办法，读出游标尺上的数值为小数，可以读到两位小数。为了消除度盘偏心差，可采用双游标读数法，并按下列公式求得结果：

$$Q = \frac{A+B}{2}$$

式中，A 和 B 分别为两游标窗读数值。

如果 $A=B$，而且刻度盘转到任意位置都符合等式，则说明仪器没有偏差。读数示意图见图 1。

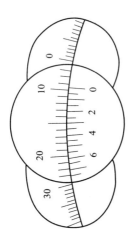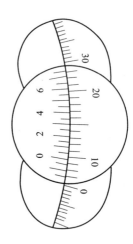

图 1　读数示意图

【思考题】

1. 测定旋光性化合物的旋光度有何意义？
2. 旋光度 α 与比旋光度 $[\alpha]_D^t$ 有何不同？
3. 使用旋光仪应注意哪些问题？

【参考文献】

[1] 黄丽红. 基础化学实验. 北京：化学工业出版社，2016.

[2] 宋毛平，何占航. 基础化学实验与技术. 北京：化学工业出版社，2008.

[3] 赵慧春，申秀民，张永安. 大学化学基础实验. 北京：北京师范大学出版社. 2008.

第 5 章

综合化学实验

实验 1　丙酸钙的制备及保鲜试验

【实验目的】

1. 了解丙酸钙的制备、性能及应用，初步了解丙酸钙在面包防腐实验中的效果。
2. 了解由鸡蛋壳制备丙酸钙的实用意义，掌握由鸡蛋壳制备丙酸钙的方法。
3. 掌握与本试验相关的绿色化学课程的理论，如清洁生产、废物有效利用。

【实验原理】

丙酸钙 $(CH_3CH_2COO)_2Ca$ 是近年来发展起来的一种新型食品防腐剂，不仅可以延长食品的保质期，而且可以通过代谢作用被人体吸收，供给人体必需的钙，这是其他防腐剂所无法比拟的。此外丙酸钙还可以制成分散剂溶液和软膏，对治疗皮肤寄生性霉菌所引起的疾病有疗效。

工业上常用石灰乳或碳酸钙中和的方法制备丙酸钙，作为食品添加剂，安全无毒、无副作用，这是对产品的基本要求。近年来随着人们生活水平的提高和食品工业的发展，鸡蛋的消耗量逐年增加。蛋壳被当作废弃物丢掉，废弃的蛋壳给环境造成了污染。分析结果表明：蛋壳中含有 93% 的 $CaCO_3$，是一种优质的钙源。如果利用蛋壳为主要原料生产丙酸钙，既可以节省资源，降低成本，也可以将蛋壳有效地利用起来。

以鸡蛋壳为基本原料制备丙酸钙的原理，是鸡蛋壳与丙酸直接作用制备丙酸钙。

主要涉及的反应式：

$$CaO + H_2O \longrightarrow Ca(OH)_2$$
$$2CH_3CH_2COOH + Ca(OH)_2 \longrightarrow (CH_3CH_2COO)_2Ca + 2H_2O$$

【仪器与试剂】

1. 仪器

箱式电炉（图1）（1000～1200℃），电动粉碎机（图2），油浴加热控温装置，干燥箱，真空泵，旋转蒸发器。

2. 试剂

丙酸（AR），鸡蛋壳，食用馒头。

图1　箱式电炉

图2　电动粉碎机

箱式电炉仪器参数　最高温度：1200℃，使用温度：50～1100℃，控制精度：±1℃，输入功率：4kW，炉膛尺寸（$W \times D \times H$）：200mm×300mm×200mm，外形尺寸（$W \times D \times H$）：690mm×530mm×715mm，容积：12L。

【实验步骤】

1. 蛋壳的预处理和煅烧分解

将鸡蛋壳用自来水洗净，使用电动粉碎机粉碎后，用清水浸泡1h，晾干后在110℃的干燥箱中烘干得到实验用的蛋壳粉。

2. 煅烧分解

称取20g蛋壳粉，在箱式电炉中于980℃烧5h，得到的白色蛋壳灰粉CaO。

3. 中和制备丙酸钙

将4g蛋壳灰粉研细加入60mL水，制成石灰乳，然后搅拌的同时缓慢加入35mL 6mol/L的丙酸溶液，在50℃下反应1h，不断搅拌直至溶液澄清，得到丙酸钙溶液。

4. 浓缩

丙酸钙溶液冷却后过滤，除去不溶物，滤液移入蒸发皿中，加热蒸发浓缩至黏稠状，冷却得到白色粉末状无水丙酸钙。在干燥箱中120～140℃下烘干2h，得到白色粉末无水丙酸钙产品。丙酸钙易吸潮，注意干燥保存。

5. 防霉实验

称取5g食用馒头，在其表面撒入制备好的丙酸钙，用量为馒头的0.1%，将其存入温度为23～28℃，相对湿度为80%～90%的食品柜中，同时用不加丙酸钙的相同馒头做对照实验，连续两周观察两组馒头的生霉情况。

【实验记录结果】

1. 记录实验条件、过程及试剂用量。

2. 记录丙酸钙的产量和产率（鸡蛋壳中 $CaCO_3$ 以 93% 计）。

3. 记录丙酸钙的防霉实验效果（表 1）。

表 1 丙酸钙的防霉实验

时　间	有保鲜剂的馒头外观	没保鲜剂的馒头外观	保鲜效果及说明
第一天			
第二天			
第三天			
第四天			
第五天			
第六天			
第七天			

【思考题】

1. 实验室的箱式电炉温度可达到 1100～1200℃，还需要烧 5h 吗？

2. 制得的丙酸钙溶液为什么需要过滤？

3. 丙酸钙易吸潮，如何干燥保存？

实验 2　湖水中溶解氧和高锰酸盐指数的测定

【实验目的】

1. 掌握用碘量法测定水中溶解氧的原理和实验条件。

2. 理解水中高锰酸盐指数的含义并掌握其测定方法。

【实验原理】

将 $MnSO_4$ 溶液和 NaOH-KI 溶液加入到水中，二价锰沉淀被水中溶解的 O_2 氧化成四价锰沉淀，溶液酸化后，沉淀溶解，四价锰与 I^- 反应析出 I_2，再用 $Na_2S_2O_3$ 标准溶液滴定，以此测定水中的溶解氧。

在加热条件下，于水样中加入过量 $KMnO_4$ 标准溶液和 H_2SO_4，再加入过量 $Na_2C_2O_4$ 标准溶液还原与水中还原性物质作用后剩余的 $KMnO_4$，然后用 $KMnO_4$ 标准溶液回滴过量的 $Na_2C_2O_4$，以此计算水样中的高锰酸盐指数。

间接碘量法是利用 I^- 的还原性，使之与氧化性的物质作用，置换出 I_2，再用 $Na_2S_2O_3$ 标准溶液滴定，间接求出该氧化性物质的含量，采用淀粉指示剂，终点颜色由蓝色变为无色。

高锰酸钾法是利用高锰酸钾的氧化性，以高锰酸钾作为滴定剂的滴定分析方法。

武汉市三角湖水质清澈透明，其溶解氧和高锰酸盐指数的测定适合采用化学分析方法。

溶解于水中的氧称为溶解氧（CDO），单位是 $mgO_2 \cdot L^{-1}$。天然水中的溶解氧与空气中氧的分压、水温和水中的含盐量有关。清洁的地面水溶解氧接近饱和状态，当水中含有藻类物质时，因其光合作用，水中的溶解氧会增加；当一些还原性污染物浓度较高时，溶解氧的浓度便会降低，而高锰酸盐指数则是指在一定条件下，用高锰酸钾处理水样时消耗的量，用氧的浓度（$mg \cdot L^{-1}$）表示，它反映了有机物和无机可氧化物对水体的污染程度，所以水中溶解氧和高锰酸盐指数的测定是水质和环境评价的重要指标。其测定原理如下。

1. 溶解氧的测定

于水样中加入 $MnSO_4$ 和 NaOH-KI，将发生如下反应：

$$2MnSO_4 + 4NaOH == 2Mn(OH)_2 \downarrow + 2Na_2SO_4$$

$$2Mn(OH)_2 + O_2 == 2H_2MnO_3$$

$$H_2MnO_3 + Mn(OH)_2 \rightleftharpoons MnMnO_3 \downarrow + 2H_2O \quad （棕色沉淀）$$

加入浓硫酸使棕色沉淀（$MnMnO_3$）与溶液中所加入的碘化钾发生反应，从而析出碘，溶解氧越多，析出的碘也越多，溶液的颜色也就越深。

$$2KI + H_2SO_4 == 2HI + K_2SO_4$$

$$MnMnO_3 + 2H_2SO_4 + 2HI == 2MnSO_4 + I_2 + 3H_2O$$

析出的 I_2 用 $Na_2S_2O_3$ 标准溶液滴定：$I_2 + 2Na_2S_2O_3 == 2NaI + Na_2S_4O_6$

以此计算水中溶解氧。

2. 水中高锰酸盐指数的测定

在水样中加入过量 $KMnO_4$ 标准溶液和 H_2SO_4，在沸水浴中加热 30min，待水中的还原性物质被 $KMnO_4$ 完全氧化后，加入过量 $Na_2C_2O_4$ 标准溶液，还原剩余的 $KMnO_4$，再用 $KMnO_4$ 标准溶液回滴过量的 $Na_2C_2O_4$，以此计算水样中的高锰酸盐指数。有关反应如下：

$$\underset{（过量）}{4MnO_4^-} + \underset{（有机物）}{5C} + 12H^+ == 4Mn^{2+} + 5CO_2 + 6H_2O$$

$$\underset{（过量）}{5C_2O_4^-} + \underset{（剩余）}{2MnO_4^-} + 16H^+ == 2Mn^{2+} + 10CO_2 + 8H_2O$$

$$2MnO_4^- + \underset{（剩余）}{5C_2O_4^-} + 16H^+ == 2Mn^{2+} + 10CO_2 + 8H_2O$$

【仪器与试剂】

1. 仪器

碘量瓶，锥形瓶，容量瓶，滴定管，烧杯，吸量管，移液管。

2. 试剂

$2mol \cdot L^{-1}$ $MnSO_4$ 溶液：170g $MnSO_4 \cdot H_2O$ 溶解后，稀释至 500mL，滤去不溶物。

KI-NaOH 溶液：150g KI 溶于 200mL 水中，180g NaOH 溶于 200mL 水中，冷却

后将两种溶液合并，稀释至 500mL，贮于棕色瓶中。

1∶1 H_2SO_4（或浓 H_3PO_4），1∶3 H_2SO_4，1mol·L^{-1} H_2SO_4；

0.5% 淀粉溶液（质量分数）；

0.01mol·L^{-1} $Na_2S_2O_3$ 溶液（提前一星期配制）：将 2.5g $Na_2S_2O_3$·$5H_2O$ 溶于 1000mL 新煮沸并冷却的蒸馏水中，加 0.25g Na_2CO_3，贮于棕色试剂瓶中。

0.01mol·L^{-1} KIO_3 标准溶液：准确称取于 180℃ 干燥 1h 的 KIO_3 1.0~1.1g，加适量水溶解后定量转入 500mL 容量瓶中，用水稀释至刻度。计算出准确浓度。

0.005mol·L^{-1} I_2 溶液：将 5g KI 溶于 25mL 水中，加入 0.3g I_2，溶解后转入棕色试剂瓶中，稀释至 250mL。

含 4g·L^{-1} 游离氯的 NaClO 溶液：将市售 NaClO 试剂稀释 12 倍，移取此稀释液 2.00mL 于碘量瓶中，加 30mL 水、10mL 1mol·L^{-1} H_2SO_4、2g KI，盖上瓶塞，摇动使溶解完全，用 $Na_2S_2O_3$ 标准溶液滴定至浅黄色，加 2mL 淀粉指示剂，继续滴定至蓝色消失，计算稀释液中游离氯（ClO）的浓度。

0.01mol·L^{-1} $KMnO_4$ 溶液；

0.01mol·L^{-1} $Na_2C_2O_4$ 标准溶液：准确称取 0.67g 于 105℃ 烘干至恒重的 $Na_2C_2O_4$，用蒸馏水溶解并定容于 500mL 容量瓶中。计算其准确浓度。

【实验步骤】

1. 溶解氧的测定

（1）$Na_2S_2O_3$ 标准溶液的标定

准确移取 5.00mL KIO_3 标准溶液于锥形瓶中，加入 100mL 水、1g KI、5mL 1mol·L^{-1} H_2SO_4 溶液，立即用 $Na_2S_2O_3$ 溶液滴定到溶液呈浅黄色，加入 3mL 淀粉溶液，继续滴定到蓝色消失，平行测定 2~3 次。计算 $Na_2S_2O_3$ 的浓度。

（2）溶解氧的固定

用水样冲洗溶解氧瓶后，沿瓶壁直接注入水样，并使水溢流，迅速盖上瓶塞，再打开瓶塞，将吸量管插入液面以下至少 2~3cm（国标是插到中部），加入 1.0mL $MnSO_4$ 溶液及 2.0mL KI-NaOH 溶液，立即盖好，颠倒摇动 10 次，放置 5min，再颠倒摇动 10 次。平行固定 2~3 份水样中的氧，带回实验室处理。

（3）溶解氧的测定

当水样中沉淀降落了 1/3 时，加入 1∶1 H_2SO_4 1.7mL，盖好，颠倒摇动使沉淀完全溶解。移取此试液 100.0mL，用 $Na_2S_2O_3$ 标准溶液滴定到溶液呈浅黄色，加入 3mL 淀粉指示剂，继续滴定至蓝色消失。计算水样中氧的浓度/mg·L^{-1}：

$$c_{O_2}/mg·L^{-1} = \dfrac{\dfrac{c_{Na_2S_2O_3} V_{Na_2S_2O_3} \times 32}{4} \times 1000}{V_{水}}$$

（4）检验是否有干扰物质

干扰物质的检验移取水样 50.00mL 于锥形瓶中，加入 0.5mL 1mol·L^{-1} H_2SO_4、

0.5g KI、几滴淀粉指示剂，混匀后，若溶液变蓝，表示存在氧化性干扰物质；若溶液不变蓝，则再加入 0.2mL I_2：溶液，混匀 30s 后，若蓝色消失，表示存在还原性干扰物质。

（5）对干扰的校正

① 氧化性干扰。移取 200mL 水样于锥形瓶中，加入 1∶1 H_2SO_4 溶液、2.0mL KINaOH 溶液、1.0mL $MnSO_4$ 溶液，摇匀后放置 5min，用 $Na_2S_2O_3$ 标准溶液滴定。将测定结果换算为氧的浓度/mg·L^{-1}，从溶解氧测定结果中扣除。

② 还原性干扰。移取 2 份水样，分别于水面以下 2~3mm 加入 1.00mL NaClO 溶液，立即盖上瓶塞，颠倒摇动 10 次以上。其中一份样品按照溶解氧的固定和测定步骤进行测定，另一瓶按照对氧化性干扰的校正步骤进行测定，两种结果的差值即水样中溶解氧的浓度。平行测定 2~3 次。

2. 高锰酸盐指数的测定

准确移取水样 100mL 于锥形瓶中，加入 5mL 1∶3 H_2SO_4，用滴定管准确加入 0.01mol·L^{-1} $KMnO_4$ 标准溶液约 10mL（V_1），于沸水浴中加热（沸腾 10min），趁热准确加入 0.01mol·L^{-1} $Na_2C_2O_4$ 标准溶液 20mL（V_2），摇匀后立即用 $KMnO_4$ 标准溶液滴定至微红色，消耗体积为 V_3。平行测定 2~3 次，计算高锰酸盐指数。

$$c_{O_2}/\text{mg}\cdot L^{-1} = \frac{[5c_{KMnO_4}(V_1+V_3) - 2c_{Na_2C_2O_4}V_2] \times 8 \times 1000}{V_{水}}$$

【注意事项】

1. 化学分析法适用于测定溶解氧浓度为 0.2~20mg·L^{-1} 的水样。如果水中易氧化的有机物、硫化物等太多，水样颜色太深，其溶解氧的测定宜采用仪器分析法；用 $KMnO_4$ 法测定高锰酸盐指数的适用范围是 0.5~4.5mg·L^{-1}，污染严重的水样宜采用 $K_2Cr_2O_7$ 法进行测定。

2. 若水样中有 Fe^{2+}，应改用浓 H_3PO_4.

3. 不同温度和压力下水的溶解氧值见有关手册。

4. 此时，若红色消失，说明有机物太多，需另取水样 25~30mL，稀释 2~5 倍后再做。

5. 地下水、地面水高锰酸盐指数的国家标准见有关手册。

6. 在实际测定中，往往还需做空白试验和测定 $KMnO_4$ 标准溶液的校正系数，可参考有关资料。

【思考题】

1. 测水中溶解氧时，要注意哪些实验条件？

2. 测定水中高锰酸盐指数，能否在加入过量 $KMnO_4$ 标准溶液和 H_2SO_4 并反应完全后，用 $Na_2C_2O_4$ 标准溶液回滴剩余的 $KMnO_4$？

实验 3　从茶叶或茶叶下脚料中提取茶多酚

【实验目的】

1. 了解茶多酚的性质和用途。
2. 掌握从茶叶或茶叶下脚料中提取茶多酚的方法。
3. 掌握用分光光度法测定茶多酚总量的方法。

【实验原理】

1. 主要性质和用途

茶多酚是茶叶中多酚类物质的总称，包括黄烷醇类、花色苷类、黄酮类、黄酮醇类和酚酸类等。其中以黄烷醇类物质（儿茶素）最为重要，占茶多酚总量的 $60\% \sim 80\%$，它也是使茶叶具有色香味的主要成分之一。同时，茶多酚也具有抗氧化、抗癌、抗菌、杀菌等作用。

茶多酚在 pH 偏酸性时较稳定，当 pH 大于 7 时氧化变色加快，呈红褐色。茶多酚易溶于水、甲醇、乙醇、乙酸乙酯等溶剂，不溶于苯、氯仿、石油醚等溶剂。茶多酚具有一定的络合能力，可以与金属盐类如 Ca^{2+}、Al^{3+} 等均能络合，在碱性条件下可与之生成不溶于水的沉淀，与 Fe^{2+} 结合呈紫蓝色。

2. 提取原理和方法

茶多酚可从绿茶、红茶、乌龙茶等中提取，但通常以茶叶末为原料，绿茶中茶多酚含量最高，约占其干重的 $15\% \sim 25\%$。红茶因在制茶的发酵过程中相当部分的茶多酚已被氧化，其茶多酚的含量较低，一般占干重的 6%。因此，一般采用绿茶叶末为原料提取茶多酚。

从茶叶末中提取茶多酚根据生产工艺的不同，获得的产品含量水平不一样，有粗品、中档品与精品之分。目前，提取茶多酚的方法主要有沉淀萃取法、萃取法和柱分离制备法三种。

（1）沉淀萃取法

茶多酚能与 Zn^{2+}、Ca^{2+}、Al^{3+}、Ba^{2+}、Hg^{2+}、Pb^{2+} 等金属离子发生络合沉淀。由于 Zn^{2+}、Ca^{2+}、Al^{3+} 毒性较小，可用于茶多酚的生产。各种金属离子的沉淀最低 pH 并不一样，见表 1。

表 1　不同沉淀剂的提取效率和最低 pH

沉淀剂	Zn^{2+}	Ca^{2+}	Al^{3+}	Fe^{3+}	Ba^{2+}	Mg^{2+}
最低 pH	5.6	8.5	5.1	6.6	7.6	7.1
提取率/%	10.4	7.0	10.5	8.8	7.4	8.1

在高于最低 pH 时，沉淀容易产生。经静置或离心分离后，将沉淀用酸转溶。最后

用乙酸乙酯萃取，浓缩干燥后可得精品茶多酚。其工艺流程为：茶叶原料→浸提→过滤→转溶→萃取→浓缩干燥→茶多酚产品。

（2）萃取法

利用茶多酚及其他成分在溶剂和水中的分配系数的差异，分别用不同溶剂抽提，回收溶剂后干燥，可得不同含量茶多酚产品。

（3）柱分离制备法

此项技术的关键是柱填充料和淋洗。研究表明，采用柱分离制备法，茶多酚得率在$4\%\sim8\%$之间，纯度可达98%，但柱填充料非常昂贵，而且淋洗时要用大量有机溶剂，显然不适合工业化生产。

以上传统方法均普遍存在一些问题和弊端，产品无法在安全性、价格和纯度方面全部满足食品添加剂和医药行业的要求。针对这些问题，最近，经有关专家反复试验、成功地开发出将超临界CO_2萃取技术与传统提取、浓缩和萃取技术相结合，制备高纯度茶多酚的新工艺。

本实验利用溶剂对样品中被提取物成分与杂质之间溶解度的不同，应用液-固萃取法从茶叶中提取茶多酚类化合物，利用茶多酚类物质能与亚铁离子形成紫蓝色络合物，借助分光光度法测定其含量。

【仪器与试剂】

1. 仪器

分析天平（分度值，0.0001g），粉碎机，离心机，旋转蒸发仪，干燥箱，分光光度计，真空泵，pH试纸，分液漏斗，布氏漏斗。

2. 试剂

氯化锌，碳酸钠，盐酸，乙酸乙酯，硫酸亚铁（$FeSO_4 \cdot 7H_2O$），酒石酸钾钠，磷酸氢二钠，磷酸二氢钾，蒸馏水。

【实验步骤】

1. 溶液的配制

pH7.5磷酸盐缓冲液：① 磷酸氢二钠：称取23.377g磷酸氢二钠，加水溶解后定容至1L；②磷酸二氢钾：称取9.078g磷酸二氢钾，加水溶解后定容至1L；③取上述磷酸氢二钠溶液85mL和磷酸二氢钾溶液15mL混合均匀。

酒石酸亚铁溶液：称取1.000g硫酸亚铁和5.000g酒石酸钾钠，用水溶解并定容至1L（溶液应避光，低温保存，有效期一个月）。

2. 茶多酚的提取

先将茶叶粉碎，称取5g茶叶末，用滤纸和纱布包严，放入250mL烧杯中，加入100mL蒸馏水煮沸至水减少一半，将茶汤转入另一烧杯，接着用100mL蒸馏水沸水浸提两次，合并三次茶汤。

3. 茶多酚的纯化

（1）在提取后的茶汤中加入 1～2g $ZnCl_2$，用 $0.5mol \cdot L^{-1}$ 的 Na_2CO_3 溶液将提取液的 pH 调至 7.0，使茶多酚沉淀完全。

（2）离心分离，在所得沉淀中加 $2mol \cdot L^{-1}$ HCl 溶液溶解沉淀。

（3）转溶后的茶多酚溶液用相同体积的乙酸乙酯萃取两次，合并乙酸乙酯层。

（4）用旋转蒸发仪减压浓缩，将浓缩液转移至蒸发皿，蒸汽水浴烘干，得茶多酚的粗晶体。

4. 茶多酚测定（GB 8313—1987）

（1）定容：用少量蒸馏水溶解茶多酚的粗晶体，过滤不溶杂质，定容至 100mL。

（2）测定：准确吸取上述试液 1mL，注入 25mL 容量瓶中，加 4mL 水和 5mL 酒石酸亚铁溶液，充分混合，再加 pH7.5 的缓冲液至刻度，用 10mm 比色杯，在波长 540nm 处，以试剂空白溶液作为参比，测定吸光度 A。

5. 结果计算

$$茶多酚含量(mg/100mL) = A \times 1.957 \times 2 \times 100$$

式中，A 为试样的吸光度；1.957 为用 10mm 比色杯，当吸光度等于 0.50 时，每毫升试样中含茶多酚相当于 1.957mg。

【思考题】

1. 提高茶多酚的产率要考虑哪些因素？

2. 茶多酚的测定原理是什么？

【参考文献】

［1］李再峰. 绿色化学实验. 武汉：华中理工大学出版社，2008.

［2］熊昌云. 茶叶深加工与综合利用. 昆明：云南大学出版社，2014.

［3］李明. 化学设计创新实验. 昆明：云南大学出版社，2014.

实验 4 食品中吊白块含量的测定

【实验目的】

1. 培养学生查阅资料、拟定实验方案的能力。

2. 掌握食品分析中待测组分的提取方法。

3. 掌握分光光度法测定食品中吊白块含量的原理和方法。

4. 提高学生的实际动手能力。

【实验原理】

吊白块又称雕白粉，化学名称为二水合次硫酸氢钠甲醛或二水甲醛合次硫酸氢钠（$CH_3Na_2O_3S \cdot 2H_2O$；$NaHSO_2 \cdot CH_2O \cdot 2H_2O$），为半透明白色结晶或小块，易溶于水。高温下具有极强的还原性，有漂白作用。遇酸即分解，120℃下分解产生甲醛、二氧化硫和硫化氢等有毒气体。吊白块水溶液在60℃以上就开始分解出有害物质。吊白块在印染工业中用作拔染剂和还原剂，生产靛蓝染料、还原染料等。还用于合成橡胶、制糖以及乙烯化合物的聚合反应。

吊白块的毒性与其分解时产生的甲醛有关。口服甲醛溶液10~20mL可致人死亡。因甲醛易从消化道吸收，所以其危害不能低估。甲醛中毒目前尚无特效解毒药。

吊白块不得用作食品漂白添加剂，严禁入口。甲醛急性中毒症状均可由食用用吊白块漂白过的白糖、单晶冰糖、粉丝、米线（粉）、面粉、腐竹等所致。吊白块也是致癌物质之一，国际癌症研究组织（IARC）1995年将甲醛列为对人体（鼻咽部）可能的致癌物。

食品中吊白块的测定主要采用高效液相色谱法、分光光度法等。通过测定吊白块在使用过程中分解产生的甲醛、二氧化硫在食品中的残留量，经过换算即可测得吊白块的含量。

【实验要求】

1. 查阅有关分光光度法测定食品中吊白块的相关资料。

2. 拟定分光光度法测定食品中吊白块的实验方案。包括下列内容。

（1）实验原理。

（2）所需仪器、试剂、试剂的浓度、标准溶液浓度的标定等。

（3）实验具体步骤。包括从样品中提取待测组分的条件试验、显色条件试验、测定条件试验、加标回收试验等。

（4）实验记录表格。

3. 按所设计方案进行实验。

4. 实验完成后书写出实验报告。

【思考题】

1. 分光光度法测定食品中吊白块含量的原理是什么？

2. 吊白块为何不能作为食品添加剂使用？

3. 什么是加标回收试验？做加标回收试验有什么作用？

【参考文献】

[1] 中华人民共和国国家标准，食品卫生检验方法，理化部分. 北京：中国标准出版社，2004.

[2] 穆华荣，于淑萍. 食品分析. 第2版. 北京：化学工业出版社，2009.

[3] 武汉大学. 分析化学实验（上册）. 第5版. 北京：高等教育出版社，2011.

实验 5　纳米薄膜材料的制备及在金属离子传感中的应用

【实验目的】

1. 了解低维纳米材料的超声分散技术和纳米薄膜材料的制备方法。
2. 掌握 CHI660B 电化学工作站的使用方法。
3. 掌握一套完整的分析方法所包含的实验内容。

【实验原理】

　　低维功能材料由于其结构的特殊性以及在纳米尺度下的一系列特殊的效应，而呈现出许多不同于传统材料的独特性能。碳纳米管是一种新型的低维功能材料，属富勒碳系，是一种具有特殊结构（径向尺寸为纳米量级，轴向尺寸为微米量级、管子两端基本上都封口）的一维量子材料。一般而言，纳米碳管有两种结构形式：单壁碳管和多壁碳管。单壁碳管是由单层石墨卷集而成，直径在 $1\sim 2nm$；而多壁碳管则是由多层石墨卷集而成，直径在 $2\sim 50nm$ 之间。尽管纳米碳管是由石墨转化而来，但它与石墨有着截然不同的性质。比如它在一定尺寸范围内具有导体及半导体特性、高的机械强度及溶液中的非线性光学特性等。由于它具有好的导电性和完整的表面结构，高的机械强度和较强的化学稳定性以及明显的促进电子传递作用，因而是一种很有潜力的传感器材料。但由于碳纳米管较高的机械强度和较强的化学稳定性，也决定了它不溶于几乎所有的溶剂，因此如何选择特定的手段把碳纳米管"溶解"在特定的溶剂里并制备成均匀的薄膜材料是该实验项目的关键点。表面活性剂是一类具有特殊性质的物质，而最突出的性质便是它的分子结构中既有亲水基团又有疏水基团，具有"双亲"性质，随着其浓度的不同，在溶液中表现出不同的排列形式。研究表明，一些长链的表面活性剂分子如 SDS、DHP 等通过超声分散能使碳纳米管"溶解"，并在电极表面形成均匀稳定的薄膜。

　　本实验旨在将碳纳米管超声分散在表面活性剂的水溶液中，并滴涂在玻碳电极表面，制成碳纳米管薄膜修饰的电极，考察铅、镉、汞等金属离子在修饰电极上的传感特性。

【仪器与试剂】

1. 仪器

CHI660B 电化学工作站 1 台，CHI830 电化学分析仪 1 台，超声波清洗器 1 台，红外灯 1 台，干燥箱 1 台，电子分析天平 1 台，双蒸馏水器 1 台，玻碳电极 3 支，甘汞电极 3 支。

2. 试剂

碳纳米管（中国科学院成都有机化学有限公司），十二烷基硫酸钠，吐温-80，冰醋酸，乙酸钠，磷酸二氢钾，磷酸氢二钠，硝酸铅，氯化镉，铁氰化钾，硫酸，硝酸，盐酸，氢氧化钠，以上试剂均为分析纯。

【实验步骤方案设计】

1. 碳纳米管分散体系的选择（查阅文献，选择合适的分散体系）。
2. 碳纳米管薄膜修饰电极的制备（滴涂法）。
3. 金属离子传感特性分析及实验条件优化（学生自行查阅文献，确定实验条件，与老师讨论）。
4. 可能的话，进行实际水样（三角湖水）中金属离子的加标回收率测定。

【结果与讨论】

依据上述实验方案写出一篇完整的小论文，并对所得的实验结果进行讨论。

【思考题】

1. 碳纳米管的结构有什么特点，在电化学中我们常应用碳纳米管的哪些特点？
2. 玻碳电极的表面清洁是如何表征的？
3. 一套完整的分析方法应该包括哪些研究内容？

【参考文献】

[1] 董绍俊，车广礼，谢远武. 化学修饰电极. 修订版. 科学出版社，2003.
[2] C. Hu，K. Wu，X. n Dai，S. Hu. Simultaneous determination of lead（Ⅱ）and cadmium（Ⅱ）at a diacetyldioxime modified carbon paste electrode by differential pulse stripping voltammetry. Talanta，2003，60（1）：17-24.
[3] 易洪潮，吴康兵，胡胜水. 离子交换伏安法同时测定水体中的镉、汞. 分析科学学报，2001，17（4）：274-278.
[4] K. Wu，S. Hu，J. Fei，et al. Mercury-free simultaneous determination of cadmium and lead at a glassy carbon electrode modified with mutli-wall carbon nanotubes. Analytica Chimica Acta，2003，489（2）：215-221.
[5] 王亚珍. 基于乙炔黑/壳聚糖膜修饰电极的阳极溶出伏安法测定 Pb^{2+} 含量. 冶金分析，2011，31（12）：29-34.
[6] 李鑫，覃浩，曹文杰，徐俊晖，王亚珍. 基于石墨烯/纳米氧化铝修饰电极的溶出伏安法测定土壤中铜. 冶金分析，2017，37（11）：34-39.

实验 6　丙烯酸酯类聚合物乳液的制备及应用

【实验目的】

1. 培养学生查阅资料、拟定实验方案、自主科研的能力。
2. 了解丙烯酸酯类聚合物乳液材料的制备、性能及应用。

3. 了解聚合物水泥防水涂料的制备及防水的效果。

4. 掌握乳液聚合原理、操作及预乳化半连续种子工艺条件。

【实验原理】

丙烯酸酯乳液是指丙烯酸酯类单体在乳化剂、引发剂、pH 缓冲剂等加入条件下使用乳液共聚法而制得的乳液。丙烯酸酯聚合物主链为碳-碳链，其光、热和化学稳定性良好，所以由丙烯酸酯树脂制得的涂料化学性质较稳定且不易受外部环境天气的影响。聚合物水泥防水涂料的性能主要取决于组成的液料组分，本实验的研究重点就是丙烯酸酯乳液的实验合成以及在防水方面的基本应用。

聚合物防水涂料由于优良品质和环保经济的特点受到诸多学者的研究关注和国家相关部门大力推广。聚丙烯酸酯乳液具有突出的耐水性、耐碱性、抗污染性等特点，而且建筑施工上灵活方便，多用于合成建筑防水涂料。本实验研究以预乳化半连续工艺为操作基础及设计种子粒子结构的概念制备出质量稳定且性能优良的丙烯酸酯聚合物乳液，经过正交实验的对比和丙烯酸酯聚合物的 DSC、红外光谱分析得到乳液聚合最佳工艺配方条件。

【仪器与试剂】

1. 仪器

真空干燥箱，数显恒温水浴锅，精密增力电动搅拌器，示差扫描量热仪 DSC，傅里叶变换红外光谱仪，电子分析天平。

2. 试剂

丙烯酸丁酯（BA），甲基丙烯酸甲酯（MMA），丙烯酸（AA），烷基酚聚氧乙烯醚 OP-10，十二烷基硫酸钠（SDS），过硫酸钾，碳酸氢钠，去离子水，氨水，甲醇。

1. 通过文献调研，初步确定乳液聚合最佳工艺配方条件。

2. 确定预乳化液制备条件。

3. 确定种子乳液聚合反应条件。

4. 乳液聚合物的分析和表征。

（1）乳液固体含量的测定。

（2）聚合物乳液离子稳定性。

（3）聚合物乳液机械稳定性。

（4）DSC 分析。

（5）转化率测定。

（6）红外光谱测试。

（7）丙烯酸酯类乳液在防水材料的应用。

（8）聚合物水泥防水涂料的配制和应用。

【思考题】

不同地区的冬天，寒冷度不同，怎样调整单体的比例，来制备适应不同地区的聚合物水泥防水涂料？

【参考文献】

［1］ 沈春林，苏立荣，李芳．建筑防水涂料．北京：化学工业出版社，2003．

［2］ 陈立军，陈焕钦．聚合物水泥防水涂料的应用及其乳液的选择．新型建筑材料，2004，（12）：32-34．

［3］ 买淑芳．混凝土聚合物复合材料及其应用．北京：北京科协技术文献出版社，1996．

［4］ W. VanLaecke, J. Vyncke. The use of polymers for industrial floors, Proceedings of the 8th International Congress on Polymers in Concrete. Antwerp, 1995, 387-390.

［5］ J. W. Kim. A primary study for the durable precast and prestressed double tee concrete parking lab. J. Korea Concr. 1997, 9 (3)：63-70.

［6］ 李祝龙，梁乃兴．丁苯类聚合物乳液对水泥水化硬化的影响．建筑材料学报，1994，2 (1)：32-35．

［7］ 张洪涛，李建宗．可聚合表面活性剂及其乳液聚合．中国胶粘剂，1993，（1）：12-18．

［8］ 天津大学物理化学教研室．物理化学．第 4 版．北京：高等教育出版社，2001．

［9］ 曹同玉，刘庆普，胡金生．聚合物乳液合成原理性能及应用．第 2 版．北京：化学工业出版社，2013．

［10］ T R Aslamazova. Emulsifier-free latexes and polymers on their base. Progress in Organic Coatings, 1995, 25 (2)：109-167.

［11］ J S Guo, E D Sudol, J W Vanderhoff, MS El-Aasser. Modeling of the styrene microemulsion polymerization. J Poly Sci Polym Chem, 1992, 30 (5)：703-712.

［12］ Y. Ohama. Polymer-based Admixtures. Cement and Concrete Composites, 1998, 20 (2-3)：189-212.

［13］ 魏丽敏，王嘉图，罗文飞．自交联醋苯丙防水乳液的制备与性能研究．涂料工业，2008，38 (4)：26-28．

［14］ 陈立军，张心亚，黄洪，黄凯昌，陈焕钦．预乳化半连续种子乳液聚合制备聚合物水泥防水涂料用丙烯酸酯乳液．新型建筑材料，2005，（08）：01-05．

［15］ 刘志勇．聚合物水泥基材料研究综述．新型建筑材料，2000，（1）：26-28

［16］ 余樟清，陈焕钦，李伯耿，潘祖仁．含官能团单体丙烯酸乳液的聚合稳定性．新型建筑材料，1999，（4）：33-35．

［17］ 傅和青，黄洪，陈焕钦．引发剂及其对乳液聚合的影响．合成材料老化与应用，2004，33 (3)：39-42．

［18］ 洪啸吟，冯汉保．涂料化学．第 2 版．北京：科学出版社，2016．

［19］ 倪玉德．涂料制造技术．北京：化学工业出版社，2003．

［20］ Peter A. Lovell, Mohamed S. El-Aasser. Emulsion Polymerization and Emulsion Polymer. US：Wiley, 1997.

［21］ 陈洁，宋启泽．有机波谱分析．北京：北京理工大学出版社，1996．

［22］ 陈绪煌，邢为高，胡立新，陈新泰．桥面防水理论的研究．新型建筑材料，2013，（4）：43-50．

［23］ 沈春林．聚合物水泥防水涂料．第 2 版．北京：化学工业出版社，2010．

［24］ 戴飞亮，胡剑青，涂伟萍．聚合物水泥防水涂料的成膜机理及应用．新型建筑材料，2016，43 (5)：116-119．

实验 7　相变储热微胶囊的制备与表征

【实验目的】

1. 通过查阅文献，了解相变微胶囊的基本原理、应用前景及研究现状。
2. 掌握用溶剂蒸发法制备相变微胶囊的原理和方法。
3. 掌握用数码显微镜和差示扫描量热仪表征微胶囊形貌和热性能的方法。

【实验原理】

相变材料在其本身发生相变的过程中，可以吸收环境的热（冷）量，并在需要时向环境放出热（冷）量，从而达到控制周围环境温度的目的。利用相变材料的相变潜热来实现能量的贮存和利用，有助于开发环保节能型复合材料。微胶囊相变材料是应用微胶囊技术在固-液相变材料微粒表面包覆一层性能稳定的高分子膜而构成的具有核壳结构的新型复合相变材料。与传统的相变材料相比，微胶囊相变材料可有效解决传统单一相变材料在发生相变时容易泄漏、相分离及腐蚀性等问题，因而得到更广泛的应用，如应用于太阳能、军事红外线伪装、节能建筑材料以及航空航天等领域。目前，制备微胶囊相变材料的方法主要包括原位聚合法、界面聚合法、悬浮聚合法、乳液聚合法和溶胶-凝胶法等，但是这些方法通常都涉及复杂的合成过程，存在添加剂难以除尽等缺点。与之相比，溶剂蒸发法由于不需调节 pH，也不需要特殊的反应试剂，且设备简单、成本低廉并易于推广，适合大规模工业生产。

溶剂蒸发法制备油核/聚合物外壳微胶囊的基本原理如图 1 所示。分散的 O/W 型乳液液滴中含有溶解于混合溶剂的待成壳的聚合物，混合溶剂由低沸点良溶剂和芯材（高沸点不良溶剂）组成。在蒸发过程中，低沸点良溶剂从乳液液滴中逐渐被除去后，原先溶解于其中的聚合物发生相分离，并迁移到油核/聚合物界面，在低沸点良溶剂被完全蒸发后，聚合物即在油相液滴和水相界面处成壳。

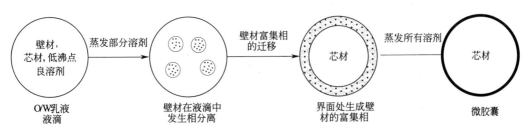

图 1　乳化-溶剂挥发法制备微胶囊原理

本实验采用简单易控的溶剂蒸发法，选用热塑性树脂（PMMA）和液体石蜡分别作为壁材和芯材，制备一种石蜡相变微胶囊，并对其形态和热性能进行表征，重点研究乳化剂种类对微胶囊物性的影响。

【仪器与试剂】

1. 仪器

分析天平，电动搅拌器，烧杯，真空泵，布氏漏斗，数显式恒温水浴锅，数码显微镜，差示扫描量热仪（DSC）。

2. 试剂

聚甲基丙烯酸甲酯（PMMA），液体石蜡，二氯甲烷，十二烷基酚聚氧乙烯醚（OP-10），聚乙烯醇（PVA），明胶，乙醇，蒸馏水。

【实验步骤】

1. 微胶囊的制备

（1）称取 2g PMMA 溶解于 55mL 二氯甲烷中，并向其中加入 3g 液体石蜡，超声使其分散均匀后作为油相；配制质量百分数为 1% 的乳化剂（PVA、OP-10 或明胶）水溶液作为水相。

（2）在室温、$450r \cdot min^{-1}$ 的机械搅拌作用下将油相通过恒压玻璃漏斗滴加到盛有 90mL 水相的 250mL 三口烧瓶中，继续搅拌 30min 后形成稳定的 O/W 乳化体系。然后将上述乳化体系一次性加入到盛有 275mL 水相的 1 L 烧杯中，接着在 35℃、$450r \cdot min^{-1}$ 下敞口搅拌 6 h，让二氯甲烷慢慢挥发。待反应完后将溶液静置分层，加蒸馏水静置倾倒上层清液，去除漂浮物，减压抽滤，依次用去离子水、乙醇洗两次，将所得固体样品置于干燥器中室温放置 24 h，除去表面吸附水和残余乙醇，得到微胶囊产品。

2. 测试与表征

（1）分别取 1～2 滴微胶囊悬浮液滴在载玻片上，室温干燥后，采用数码显微镜观测微胶囊的外观形貌。

（2）取真空干燥后的胶囊试样，在差示扫描量热仪上测量 0～60℃ 范围的升温曲线，扫描速率为 $5℃ \cdot min^{-1}$，氮气保护。

【思考题】

1. 相变材料进行微胶囊化的目的是什么？
2. 溶剂挥发法制备微胶囊中影响微胶囊粒径的主要因素有哪些？

【参考文献】

[1] 李清瑶，洪卫，潘圣阳，王梁元. 相变储热微胶囊的研究进展. 工程塑料应用，2014，42（12）：118-122.
[2] 汪海平，胡思前，张远方. 溶剂挥发法制备苯乙烯微胶囊. 化工新型材料，2012，40（3）：52-53.
[3] 汪海平. 乳化-溶剂挥发法制备液体石蜡微胶囊. 中国科技论文，2012，7（12）：954-958.
[4] 郭勇，朱阳倩，伍乾，胡聪，汪海平. 癸酸-肉豆蔻酸相变储热微胶囊的制备与表征. 新型建筑材料，2017，44（10）：104-107.

第6章

化学实验室安全知识

进入化学实验室，就应绷紧安全这根弦！化学实验室安全事故可分为由水、电、高压气、毒物、火灾、爆炸等引起的安全事故。化学实验室安全知识，主要介绍在化学实验室中用水、用电、用高压气瓶时的安全知识；常见化学药品中，哪些是有毒试剂，它们对人体会产生何种毒害作用；介绍易燃物质的分类和灭火方法、易爆物质的化学结构特征、可燃性气体爆炸物的危险度和爆炸极限。最后介绍在常规实验中，容易发生的安全事故。

6.1 用水、用电安全知识

6.1.1 用水安全

实验室漏水，可导致电源短路，仪器损毁，化学试剂溶解而污染环境，化学试剂与水反应（或试剂间的反应）而产生有毒溶液或气体（或着火燃烧、爆炸）等 。因此，化学实验室用水安全极其重要。所以要保证实验水槽和地漏下水孔通畅，人员离开实验室，应关好水龙头，晚上应关好总进水阀。

发现不明原因漏水，应关掉总阀，及时报告检修。

6.1.2 用电安全

电，是加热、驱动仪器工作的动力来源，化学实验室离不开电源。因此用电时应注意以下几个方面，杜绝用电事故的发生。

（1）有人员检修电路时切忌合闸。

（2）手上拿有金属等导电物品以及潮湿或沾有化学试剂，切勿接触电器开关、插头和电器设备，以防触电。

（3）发现插座、插头故障以及设备导线破损等故障，应即刻停止使用，并及时报告，以杜绝隐患。

（4）不要超负荷使用电器设备。

（5）用电设备使用完毕，或人员离开实验室，应停止使用电器，及时关闭电器开关，并拔掉插头。

（6）如实验室发生安全事故（除实验室内含有可爆气体外），应第一时间关掉室内总开关。

（7）实验室较长时间无人或晚间，应关掉电源总开关。

6.2 高压气体的安全使用知识

很多实验都要用到瓶装压缩气体，因此，在钢瓶的运输、储存和使用时，都应做到安全第一。

6.2.1 高压钢瓶在运输、储存、使用中的安全知识

（1）钢瓶在运输过程中，不能颠簸、碰撞。

（2）装有强氧化性气体（氧、氟、氯气等）的钢瓶，不能与装有可燃性气体（氢、乙炔、甲烷等）钢瓶混装运输或储存。氯气与氨气钢瓶也不能混装运输或储存。

（3）使用钢瓶气体的实验室，切忌密闭，应有排气装置。

（4）使用可燃性钢瓶气体时，实验室不能有明火或火花。

（5）原则上钢瓶不能放在实验室，应在室外（≥50m）阴凉（≤32℃）干燥（相对湿度控制在80%以下）处，钢瓶竖直放置，切不可倒放。

（6）放气时，人应站在出气口的侧面，先检查减压阀是否关闭好，再轻轻打开钢瓶气阀，观察减压阀高端压力表指针动作，待压力适当后，再缓缓开启减压阀，直至低端压力表指针指到需要压力为止。否则将损毁仪器。

（7）切不可将气体用尽，要保持气瓶中气体压强高于 198kPa。

（8）气瓶必须按气瓶安全监察规定，定期进行检验。检验年限及检验项目见表 6-1 和表 6-2。

表 6-1　气瓶定期检验年限

名称	年限	备注
盛腐蚀性气体	每两年	
盛一般性气体	每三年	
盛惰性气体	每五年	

表 6-2　气瓶定期检验内容

项目	检验重点	方法
外表检查	外伤、划痕、裂纹、变形	采用宏观、锤击、量具检验

项目	检验重点	方法
内表检查	内伤痕迹、腐蚀	采用宏观、锤击、量具检验
水压试验	严密性、强度	为气瓶设计压力的 1.5 倍
壁厚测定	腐蚀性、强度	超声波等测厚

6.2.2 气体钢瓶的区分

按照国家标准规定，钢瓶涂成各种颜色以示区别，例如氮气钢瓶为黑色、黄字；氧气钢瓶为天蓝色、黑字；氢气钢瓶颜色为深绿色、红字。气体钢瓶的颜色与标字颜色如表 6-3 所示。

表 6-3　气体钢瓶瓶体颜色与标字颜色

气体类别	瓶身颜色	标字颜色
N_2	黑色	黄色
O_2	天蓝色	黑色
H_2	深绿色	红色
Cl_2	草绿色	白色
NH_3	黄色	黑色
乙炔	白色	红色
空气	黑色	白色
CO_2	银白	黑色
稀有气体	灰色	绿色
其他一切非可燃性气体	黑色	黄色
其他一切可燃性气体	红色	白色

6.3　有毒化学试剂的安全知识

6.3.1　基本概念

在一定条件下，较小剂量就能够对生物体产生损害作用或使生物体出现异常反应的外源化学物称为毒物。由于毒物引起人体的各种病变现象叫做中毒。

应该指出，在特定条件下，一切物质皆可能成为毒物，如食盐落到鼻黏膜上能引起溃疡，甚至使鼻中隔穿孔，一次服用 $200\sim250g$ 食盐就会致死。故物质的毒性是相对的。

6.3.2　毒物分类

毒物可按急性与慢性、毒性大小、毒物性质、生物作用等不同角度进行分类。如按性质与作用则可分为以下几种。

（1）窒息性毒物：窒息性毒物又可分为简单窒息与化学窒息两种。前者如氮、甲烷等；后者如一氧化碳、氰化氢等。

（2）刺激性毒物：如酸类蒸气、氯气、二氧化硫气等，主要使人体组织发炎。

（3）麻醉性或神经性毒物：如芳香族化合物、醇类化合物及苯胺等，主要对神经系统起不良作用，而且是全身性的。

（4）其他：导致身体组织、脏器破坏或病变等的其他毒物。

6.3.3 毒物进入人体的途径与积累

毒物进入人体的途径有三种：皮肤、呼吸道、消化道。

毒物在人体内的累积有一定的选择性，如汞较易聚集于肝脏和肾脏；乙基汞对脑的影响更大；铅易聚集于肝脏，还可以以磷酸铅的形式沉积在骨骼中。

6.3.4 实验室常见毒物

（1）汞及其化合物

汞，液态金属，熔点$-38.8℃$，沸点$356.6℃$，有较大的饱和蒸气压，易挥发，有较大的表面张力，溅落地上立即形成许多小汞滴，不易清除，其蒸汽弥散于空气。除金属汞外，汞的化合物如$HgCl_2$、Hg_2Cl_2、$Hg(NO_3)_2$、$Hg(CH_3)_2$、$Hg(C_2H_5)_2$等也都有一定毒性，但以有机汞和氯化亚汞毒性最大。

金属汞主要以蒸气形式经呼吸道进入人体，通过肺泡壁的毛细管吸收，吸收率达70%以上。汞被吸收以后即与血液中的红细胞和血浆蛋白结合并分布于全身。汞易于积蓄于肝脏、肾脏和脑中。汞在细胞内主要是与酶蛋白的巯基、氨基、羧基、羟基等结合，故能抑制多种酶的活性，阻碍细胞的代谢功能，引起多种病变。其症状有头晕、头疼、多梦、嗜睡、记忆力减退、乏力、脱发，并可伴有面红、手足多汗、易兴奋、抑郁、手足震颤、精神失常等。如"水俣病"就是由甲基汞中毒引起的。

误服汞盐，不能洗胃。应灌服鸡蛋清、牛奶、豆浆，以便汞与蛋白结合，对胃壁起保护作用。

（2）镉盐

镉有剧毒，主要累积在人的肾脏及肝脏内，首先引起肾脏损害，导致肾功能不良。积累在人体内的镉能破坏人体内的钙，导致骨骼疏松和骨骼软化，使人患有一种无法忍受的骨痛症（痛痛病）。镉还可通过置换锌酶里的锌而破坏锌酶的作用，引起高血压、心血管疾病。

（3）铬酸盐

$Cr(Ⅵ)$对人体的毒性不亚于砷，有致癌作用。$Cr(Ⅵ)$在体内可影响氧化、还原、水解过程，并可使蛋白质变性，核酸沉淀。有人认为，铬酸盐吸收到血液后，与血液中的氧形成氧化铬，使血红蛋白变成高铁血红蛋白，致使红细胞携带氧气功能发生障碍，从而导致细胞内窒息。

（4）铅盐

铅对人体具有一定的毒性，研究表明，铅可与体内一系列蛋白质、酶和氨基酸中的官能团结合（与蛋白质分子中的巯基-SH反应，生成难溶物），干扰机体的生化和生理活动，从而引起中毒。如儿童铅中毒，可引起大脑发育迟钝，影响儿童智商。

（5）铝盐

铝对人体的毒性作用，主要表现在它对磷代谢的干扰和引起多种骨骼的病变，铝影响磷吸收的作用机制在于它们形成不溶性的磷酸铝，阻止机体对磷的吸收。体内磷的减少，血清ATP减少，细胞及组织内磷酸化的过程受到不良影响。铝对中枢神经系统影响较大，老年性痴呆症是铝的毒性所致。

铝与DNA-酸性蛋白质复合物相结合后，可影响DNA的正常复制与转录，影响染色体，产生神经原纤维缠结病变及蛋白质代谢的生化紊乱。

（6）铊盐

对人有很高的毒性，铊盐中毒的初期可出现代谢障碍及某些酶和巯基减少，典型症状为出现"鬼剃头"现象。铊能与线粒体表面巯基结合，并有抑制细胞有丝分裂的作用；性腺、甲状腺、肾上腺和神经系统某些酶对铊较敏感，少量铊即可引起损害，因此是剧烈性神经毒物。铊中毒，可用普鲁士蓝 $Fe_4[Fe(CN)_6]_3$ 解毒。

（7）砷盐

砷的化合物均有毒，砷（Ⅲ）比砷（Ⅴ）毒性更大，砷的化合物被认为是致癌、致畸变、致病的毒物。如砒霜（As_2O_3）是众所周知的毒药，急性中毒可致死；慢性中毒可引起食欲不振、体重减轻、胃肠道疾病及皮肤病。砷对机体的危害是损害肝、肾及神经系统。致癌机制可能是砷可促进胆汁排硒，从而使硒排除体内自由基的功能失效。

（8）氰化物

无机污染物中的氰化物的毒性是很强的，人中毒后会造成呼吸困难，呼吸频率先快后慢，接着出现痉挛，全身细胞缺氧，导致窒息死亡（把血红素中的 $Fe-O_2$ 键破坏，形成牢固的取代物 $Fe-CN$，失去载氧能力）。口服 $50\sim100mg$ 氰化钾，会立即停止呼吸，出现"电击型"死亡。

（9）氯气

氯气主要作用于上呼吸道支气管黏膜、支气管黏膜，导致支气管导致支气管痉挛和支气管炎。吸入较高浓度时可造成平滑肌痉挛，通气障碍导致缺氧，也可引起肺水肿。氯还可损伤中枢神经系统，引起神经紊乱，出现兴奋、血压下降、窦性心动过缓、心律不齐等。在实验室可吸入少量酒精和乙醚的混合蒸气解毒。

（10）硫化氢

有臭鸡蛋味的剧毒气体，空气中硫化氢浓度达 $5mg \cdot L^{-1}$ 时，使人感到烦躁，达 $10mg \cdot L^{-1}$ 时，会引起头疼和恶心，达 $100mg \cdot L^{-1}$ 时就会使人休克而致死。（食物在细菌的作用下会产生硫化氢而积聚，因此在下水道内往往容易积聚大量的硫化氢气体）。

（11）苯

具有脂溶性，易吸附在神经细胞，抑制细胞氧化功能，降低细胞活性。急性中毒时会流泪、咽疼、咳嗽，接着出现头晕、头疼、神志恍惚、步履不稳，手足麻木、视觉模糊、恶心、呕吐等。重度中毒昏迷、瞳孔放大、血压下降、皮肤苍白，甚至呼吸麻痹而死亡。

6.4 剧毒品的使用安全知识

6.4.1 剧毒、易制毒化学品目录

见《危险物品化学品目录（2015 版）》。

6.4.2 剧毒品的申购

（1）凡因教学、科研工作需要，申购和使用剧毒品的单位，必须符合国家规定的"五双"条件（即双人管理，双人收发，双人运输、双锁、双人使用）。

（2）凡符合上述条件的单位，要申购剧毒品，必须由使用人提出书面申请，说明用途和数量，经分管领导签字并加盖公章，按公安局有关文件精神，逐级上报批准后执行。

6.4.3 剧毒品的使用

（1）领用剧毒品时要经分管院领导审批，双人领用，随用随领，一次投料，两人发料。

（2）凡使用后因情况特殊有剩余的，必须及时清退回库，不得私自保存，更不准转送其他部门和个人。违反规定造成后果的，按情节轻重严肃处理，直至移送司法机关追究刑事责任。

6.5 易燃物的安全知识

化学实验室很容易发生各种安全事故，但火灾和爆炸是最严重和损失最大的安全事故。由于实验室本身就有很多易燃、易爆的化学试剂，加之在化学反应过程会形成易燃、易爆物质，因此在化学实验室要特别防范和避免此类事故的发生。

6.5.1 易燃物质的分类

易燃易爆物质的种类很多，从大类上可分为三类。

（1）可燃性气体

凡遇火、受热或与氧化剂接触能引起燃烧或爆炸的气体，统称为可燃性气体。如甲烷、乙烷、乙烯、乙炔、一氧化碳、氢气、煤气、石油液化气等。

助燃气体：本身不能燃烧，但与可燃性物质混合，就有可燃和爆炸的危险。如氧气、空气、氟、氯、二氧化氮等氧化性气体。

（2）可燃液体

可燃液体指在常温下呈液态而容易燃烧的物质。可燃液体中闪点低于 45℃的称易燃液体，如乙醚、丙酮、苯、汽油、乙醇等；闪点高于 45℃的称可燃液体，如食用油、煤油等。

（3）可燃性固体物质

凡是遇火、受热、摩擦、撞击或与氧化剂接触能着火的固体物质，都称为可燃性固体物质。

通常将燃点小于 300℃的称为易燃物，如红磷、三硫化磷等；燃点高于 300℃的称为可燃物。

6.5.2 燃烧分类

（1）着火

可燃物质受到外界火源直接作用而开始的持续燃烧现象叫着火。

可燃物质开始持续燃烧所需要的最低温度叫该物质的着火点或燃点。

（2）自燃

自燃是指可燃物在空气中没有外来火源的作用，靠自热或外热而发生燃烧的现象。根据热源的不同，物质自燃分为自热自燃和受热自燃两种。

（3）闪燃与闪点

当火焰接近可燃液体时，其表面上的蒸气与空气混合会发生一闪即灭的燃烧，这种燃烧现象叫闪燃。液体表面的蒸气刚足以与空气发生闪燃的最低温度叫闪点。液体根据闪点大小可以分为不同级别和类型，具体见表 6-4。表 6-5 中还给出了一些常见液体的闪点。

表 6-4　液体根据闪点分类分级

种类	级别	闪点/℃
易燃液体	Ⅰ	$T \leqslant 28$
	Ⅱ	$28 < T \leqslant 45$
可燃液体	Ⅲ	$45 < T \leqslant 120$
	Ⅳ	$T > 120$

表 6-5　常见液体的闪点

液体名称	闪点/℃	液体名称	闪点/℃	液体名称	闪点/℃
汽油	−58～10	二氯乙烷	8	松节油	30
二硫化碳	−45	甲醇	9.5	丁醇	35
乙醚	−45.5	乙醇	11	正戊醇	46
丙酮	−17	乙酸丁酯	13	乙二醇	112
苯	−15	乙酸戊酯	25	甘油	176.5
甲苯	1	煤油	28～45	桐油	239
乙酸乙酯	1	乙二胺	28	冰醋酸	40

6.5.3　着火防范及扑灭方法

预防着火是每一个实验室的头等大事，因此实验室的水电设施、药品存放都应符合消防管理条例。一旦着火，应根据火灾类型采取正确的灭火方法，如果灭火方法错误，不但不能灭火，相反还会导致更大的灾难。

6.5.3.1　火灾的种类

火灾按燃烧物的对象分为五类。

① A 类火灾　普通固体可燃物燃烧而引起的火灾。

② B 类火灾　油脂及一切可燃液体燃烧而引起的火灾。

③ C 类火灾　可燃性气体燃烧而引起的火灾。

④ D 类火灾　可燃金属燃烧而引起的火灾。

⑤ 电器设备火灾

6.5.3.2　灭火的四种方法

① 冷却法　将灭火剂直接喷到燃烧物上，使燃烧物质的温度降低到燃点之下，停止燃烧。

② 隔离法　将火源处及周围的可燃物质撤离或隔开，使燃烧因与可燃物质隔离而停止。

③ 窒息法　阻止空气流入燃烧区或用不燃烧物质冲淡空气，使燃烧物质得不到足够的氧气而熄灭。

④ 中断化学反应法　使灭火剂参与到燃烧反应过程中去，使燃烧过程中产生的游离基消失，而形成稳定的分子或活性的游离基，从而使燃烧的化学反应中断。如将干粉和卤代烷灭火剂喷入燃烧区，使燃烧终止。

6.5.3.3　灭火剂的种类

能够有效地破坏燃烧条件，使燃烧终止的物质为灭火剂。按平时存在的状态，灭火剂可分为 3 大类，即液体灭火剂、气体灭火剂和固体灭火剂。

（1）气体灭火剂

① 不燃性气体，主要有二氧化碳灭火器、氮气等其他惰性气体。

② 卤代烷灭火剂 它们由低级的烷烃如甲烷分子中的氢被卤素原子氟、氯、溴取代得到的产物。

气体灭火剂是以气态或液态形式储存，而以气体形式灭火，它们可用于 A、C 类火灾和带电设备火灾的扑救。

（2）液体灭火剂

① 水及水添加剂，主要适用于扑灭 A 类火灾。

② 泡沫灭火剂　这类灭火剂由化学物质、水解蛋白或由表面活性物剂与其他添加剂的水溶液组成，以浓缩的形式存在。它通过专用设备与水混合、稀释后再与空气混合成无数气泡，最后以泡沫的形式灭火。可用于扑灭油类火灾。

③ 7150 灭火剂　特种灭火剂，适用于扑灭 D 类火灾。主要成分为偏硼酸三甲酯 $[C_3H_9BO_3；(CH_3)_3OBO_2]$。

（3）固体灭火剂

固体灭火剂是一些固体粉末，它有以下三种类型。

① 干粉灭火剂　它是由微细而干燥的无机盐粉末和添加剂组成。

② 粉末灭火剂　它是一种粉末状固体混合物，其粉粒大于干粉灭火剂的粉粒，主要用于扑灭金属火灾，是一种专用灭火剂。

③ 烟雾灭火剂　是一种专用灭火剂，适用于重质石油产品火灾。

6.5.3.4　不同类型火灾灭火器的选用

（1）扑灭 A 类火灾即固体燃烧的火灾，应选用水型、泡沫、磷酸铵盐干粉、卤代烷型灭火器。

（2）扑救 B 类即液体火灾和可熔化的固体物质火灾，应选用干粉、泡沫、卤代烷、二氧化碳灭火器（值得注意的是，化学泡沫灭火器不能扑灭 B 类极性溶剂火灾，因为化学泡沫与有机溶剂接触，泡沫会迅速被吸收，使泡沫很快消失，这样就不能起到灭火的作用。如醇、醚、醛、酮、酯等都属于此类）。

（3）扑灭 C 类火灾即气体燃烧的火灾，应选用干粉、卤代烷、二氧化碳型灭火器。

（4）扑救带电火灾，应选用卤代烷、二氧化碳、干粉型灭火器。

（5）扑救带电设备火灾，应选用磷酸铵盐干粉、卤代烷型灭火器。

（6）扑救 D 类火灾即金属燃烧的火灾，可用粉状石墨灭火器和金属火灾专用干粉灭火器，也可采用干砂或铸铁沫灭火。

6.5.3.5　常见手提式灭火器的使用方法及其标志的识别

常见手提式灭火器有三种：干粉灭火器、二氧化碳灭火器和卤代型灭火器。其中卤代型灭火器由于对环境有影响，已不提倡使用。四氯化碳灭火器不仅灭火效率低，而且在灭火时由于高温作用，产生有毒的光气，对人体有危害；另外，四氯化碳与灼热的金属以及其他物品接触，能强烈分解，甚至发生爆炸。故已经停止销售和使用。

目前，在宾馆、饭店、影剧院、医院、学校等公共场所所使用的多数是磷酸铵盐干粉灭火器（俗称"ABC 干粉灭火器"）和二氧化碳灭火器；在加油、加气站等场所使用的是碳酸氢钠干粉灭火器（俗称"BC 灭火器"）和二氧化碳灭火器。二氧化碳灭火器使用时防止窒息。

（1）手提式灭火器的使用方法

手提式灭火器的使用方法基本相同，具体操作应遵照灭火器上的说明进行。步骤如下所示。

a. 拔去保险销。

b. 手握灭火器橡胶喷嘴，对向火焰根部。

c. 将灭火器上部手压柄压下，灭火剂喷出。

（2）灭火器标志的识别

灭火器铭牌上应有下列内容，使用前应详细阅读以下几项。

a. 灭火器的名称、型号和灭火剂的类型。

b. 灭火器的灭火种类和灭火级别（对不适用的灭火种类，其用途代码符号是被红线划过的）。

c. 灭火器的使用温度范围。

d. 灭火器驱动的气体名称和数量。

6.5.4 火灾中的自我防护

一旦发生火灾，首先要做好个人的安全防护，防止出现人身安全事故。

因此，首先要了解实验室的内外环境，即了解实验室内部存放有何种类型的物品、数量、存放位置、室内与室外疏散通道等；如只是自身身体着火，可用实验台水槽边的水龙头或洗眼器洒水浇灭，或就地滚灭，或用灭火毯裹住身体就地滚灭等。

从有浓烟的着火现场疏散时，最好用湿毛巾（湿滤纸、餐巾纸）或湿衣物等捂住口鼻，弓腰低头冲出。

6.6 防爆安全知识

在化学实验室，很多情况下都能引发爆炸，如氢气、乙炔的燃烧试验，氢气、一氧化碳加热还原氧化铜，用氯酸钾制备氧气时错把红磷或碳粉当作催化剂二氧化锰，将高锰酸钾与浓硫酸的混合物同还原剂接触，加热乙醚前未进行过氧化物消除，将易燃物放入烘箱中高温烘烤等，都会引起或大或小的爆炸事故发生。

6.6.1 爆炸的分类

爆炸可分为物理爆炸和化学爆炸。物理爆炸如高压钢瓶、煤气罐、锅炉等的爆炸；化学爆炸指在一定条件下物质发生化学反应，并在极短的时间内放出大量的热和气体（即化学爆炸的三个特征：放热反应、反应速率极快、放出大量气体）。

化学爆炸性物质是指在热力学上很不稳定的一种或多种均一系或非均一系的物质，当它们受到轻微的摩擦、震动、撞击或高热等因素的激发就能发生激烈的化学变化，并在极短的时间内放出大量的热和气体。

能发生爆炸的物质，一般都有以下的结构：

O—O 过氧化物；N≡N 叠氮或重氮化合物；C—NO_2、N=O 硝基或亚硝基化合物；N=C 雷酸盐类；C≡C 乙炔类化合物；N—X 氮的卤化物；O—Cl 氯酸或过氯酸化合物

6.6.2 爆炸性混合物爆炸

这类爆炸是指可燃性气体、蒸汽和可燃性粉尘与空气混合而发生的爆炸。

6.6.2.1 可燃性气体或蒸汽爆炸

可燃物质（可燃气体、蒸汽和粉尘）与空气（或氧气）必须在一定的浓度范围内均匀混合，形成预混气，遇着火源才会发生爆炸，这个浓度范围称为爆炸极限，或爆炸浓度极限。例如一氧化碳与空气混合的爆炸极限为 $12.5\% \sim 74\%$，见表 6-6 所示。可燃性混合物能够发生爆炸的最低浓度和最高浓度，分别称为爆炸下限和爆炸上限，这两者有时亦称为着火下限和着火上限。在低于爆炸下限时不爆炸也不着火；在高于爆炸上限时不会爆炸，但能燃烧。这是由于前者的可燃物浓度不够，过量空气的冷却作用，阻止了火焰的蔓延；而后者则是空气不足，导致火焰不能蔓延的缘故。当可燃物的浓度大致相当于反应当量浓度时，具有最大的爆炸威力（即根据完全燃烧反应方程式计算的浓度比例）。

表 6-6　常见部分可燃性气体和蒸汽的爆炸极限

可燃性气体	分子式	自燃点/℃	爆炸极限 $v\%$		危险度
			下限 X_1	上限 X_2	H
甲烷	CH_4	537	5.3	14	1.7
乙醇	C_2H_5OH	423	4.3	19	2.7
甲苯	C_7H_8	552	1.4	6.7	3.8
甲醇	CH_3OH	464	7.3	36	3.9
苯	C_6H_6	538	1.4	7.1	4.1
一氧化碳	CO	651	12.5	74	4.9
乙烷	C_2H_6	510	3.0	12.5	8.2
乙烯	C_2H_4	450	3.1	32	9.3
硫化氢	H_2S	260	4.3	45	9.5
氢	H_2	585	4.0	75	17.7
乙醚	$(C_2H_5)O$	180	1.9	48	24.2
乙炔	C_2H_2	335	2.5	81	31.4
二硫化碳	CS_2	100	1.25	44	34.3

6.6.2.2 粉尘爆炸

粉尘爆炸的原因是一定浓度的粉尘遇到明火可以迅速传递热量，就像分子的热运动一样，但是由于在密闭的空间，因此会爆炸。粉尘爆炸极限包括爆炸下限和爆炸上限。粉尘爆炸下限是指在空气中，遇火源能发生爆炸的粉尘最低浓度。一般用单位体积内所含粉尘质量表示，其单位为 $g \cdot m^{-3}$。爆炸下限越低，粉尘爆炸危险性越大。不同种类粉尘其爆炸下限不同，同种物质粉尘其爆炸下限也随条件变化而改变。粉尘爆炸规律：①粉尘粒径越小，爆炸下限越低；②氧浓度越高，爆炸下限越低；③可燃挥发分含量越高，粉尘爆炸下限越低。

严防粉尘爆炸的五条规定如下所示。

（1）必须确保作业场所符合标准规范要求，严禁设置在违规多层房、安全间距不达标厂房和居民区内。

（2）必须按标准规范设计、安装、使用和维护通风除尘系统，每班按规定检测和规范清理粉尘，在除尘系统停运期间和粉尘超标时严禁作业，并停产撤人。

（3）必须按规范使用防爆电气设备，落实防雷、防静电等措施，保证设备设施接地，严禁作业场所存在各类明火和违规使用作业工具。

（4）必须配备铝镁等金属粉尘生产、收集、贮存的防水防潮设施，严禁粉尘遇湿自燃。

（5）必须严格执行安全操作规程和劳动防护制度，严禁员工培训不合格和不按规定佩戴使用防尘、防静电等劳保用品上岗。

6.7　实验过程中常见（或易发生）的安全事故

在实验过程中往往由于粗心大意（或操作不当）而导致实验室安全事故发生。以下为实验过程中常见或易发生的安全事故。

6.7.1　与用电有关的不安全操作

与用电有关的不安全操作如下所示。

（1）用湿手接触电器插头、开关。

（2）直接用手或用坩埚钳在裸露的普通的电炉上拿、放石棉网等导电物品；或在其上加热铁坩埚操作等。

（3）电炉导线与电炉发热部位接触。

（4）还原性物质（如滤纸）在烘箱中高温烘烤。

（5）无人看守用电设备（或设备用完后，忘记关闭电源）。

6.7.2　与着火和爆炸有关的实验操作

与着火和爆炸有关的实验操作如下所示。

（1）活泼碱金属钠、钾与水反应时，碱金属用量多、烧杯中装水量大；在烧杯上加盖表面皿。

（2）实验室制氧气实验中，错把碳粉、红磷当二氧化锰。

（3）固体高锰酸钾、重铬酸钾与浓硫酸混合，与还原剂接触。

（4）蒸馏乙醚前，未加入还原剂（如氯化亚锡等）破坏过氧链前，而直接加热。

（5）贮存银氨溶液。

（6）易燃有机物（如酒精、乙醚等）放在热源边，而引起火灾。

（7）使用碱金属、白磷后的碎末不加处理，倒入垃圾桶而引起火灾事故。

（8）长时间使用酒精喷灯，导致壶底凸起，最后炸裂，引起伤人和火灾事故。

（9）酒精喷灯中酒精加入过满、灯壶盖未拧紧，导致酒精喷出而着火。酒精灯的点燃、熄灭方法不正确，中间添加酒精方法错误。

（10）高温烘箱或马弗炉中加热易燃有机物或反应能产生大量气体的物质。

（11）钠、钾、钙、白磷的保存与使用。

6.7.3 其他易引起伤害的不当操作

其他易引起伤害的不当操作如下所示。

（1）离心分离：不对称、离心试管过大、不加盖、未完全停机就开盖，引起伤人事故。

（2）电动搅拌：搅拌棒固定不紧，导致搅拌棒折断而伤人。

（3）橡皮塞插入导管：握导管的手离橡皮塞距离远，易使玻棒折断而伤手。

（4）玻管（棒）切割：长玻管（棒）横拿时离地高、不注意周围人、折断时折口不向地、不控制两手向外拉的幅度、不注意身边的人等，都易伤人。

（5）橡皮塞打孔：先打小头、握橡皮塞的手法不正确，导致打孔器伤手。

（6）甩试管、量筒、烧杯、移液管、量液管，易致残留溶液伤人。

（7）闻气体味道方法不正确，易导致中毒。

（8）加热试管口对着人，导致试管中液体冲出而伤人。

（9）稀释浓硫酸方法不正确，导致酸液溅出而伤人。

（10）用乙醚、丙酮等易挥发萃取剂时，将放气口对着人放气而伤人。

（11）有机反应中沸石加入，引起暴沸冲出液体而伤人。

（12）打碎水银温度计不收集水银，不用硫黄粉等覆盖。

（13）接触热试管等引起烫伤。

【参考文献】

[1] 北京师范大学，华中师范大学，南京师范大学无机化学教研室. 无机化学（下册）. 第4版. 北京：高等教育出版社，2003.

[2] 赵新华. 无机化学实验. 第4版. 北京：高等教育出版社，2014.

[3] 陈行表，蔡风英. 实验室安全技术. 上海：华东化工学院出版社 1989.

[4] 《危险物品化学品目录（2015版）》，http://wenku.baidu.com/view/f53abfff4b35eefdc9d333c0.html.

[5] 《中华人民共和国安全生产法》2014，http://www.hzpcc.com.cn/detail/145725206249.html.

[6] 《危险化学品安全管理条例》2011，http://wenku.baidu.com/view/e9ce8b4cfbd6195f312b3169a45177232f6-0e4d8.html.

[7] 《严防企业粉尘爆炸五条规定》2014，http://wenku.baidu.com/view/775efb5a50e2524de5187ec5.html? from＝search.

附 录

附录1 实验室常用酸碱的浓度

试剂名称	密度/g·mL^{-1}	含量/%	物质的量浓度/mol·L^{-1}
浓硫酸	1.84	95～96	18
浓盐酸	1.19	38	12
浓硝酸	1.40	65	14
浓磷酸	1.70	85	15
冰醋酸	1.05	99～100	17.5
浓氨水	0.88	25～28	15
氢氧化钡			0.2

* Ba（OH）$_2$·8H$_2$O 的饱和水溶液，1升中含 63 g Ba（OH）$_2$·8H$_2$O。

附录2 常用 H$_2$PO$_4^-$ 和 HPO$_4^{2-}$ 组成的缓冲溶液（25℃）

50mL 0.1mol·L^{-1} H$_2$PO$_4^-$ ＋xmL 0.1mol·L^{-1} NaOH 稀释至100mL					
pH	x	β	pH	x	β
5.80	3.50		7.10	32.1	0.028
5.90	4.60	0.110	7.20	34.7	0.025
6.00	5.60	0.044	7.30	37.0	0.022
6.10	6.80	0.012	7.40	39.10	0.020
6.20	8.10	0.015	7.50	41.10	0.018
6.30	9.70	0.017	7.60	42.80	0.015
6.40	11.6	0.21	7.70	44.20	0.012

50mL 0.1mol·L^{-1} H$_2$PO$_4^-$ ＋xmL 0.1mol·L^{-1} NaOH 稀释至 100mL					
6.50	13.9	0.024	7.80	45.30	0.010
6.60	16.4	0.027	7.90	46.10	0.007
6.70	19.3	0.030	8.00	46.70	—
6.80	22.4	0.033			
6.90	25.9	0.033			
7.00	29.1	0.031			

附录 3 常用指示剂的配制

指示剂	变色范围	颜色变化	溶液浓度
麝香草酚蓝	1.2～2.8	红—黄	0.04%（水）
溴酚蓝	3.0～4.6	黄—蓝	0.04%（水）
甲基橙	3.1～4.4	红—黄	0.1%（水）
溴甲酚绿	3.8～5.4	黄—蓝	0.1%（水）
甲基红	4.2～6.3	红—黄	0.1%（60%酒精）
溴甲酚紫	5.2～6.8	黄—紫	0.04%（水）
溴麝香草酚蓝	4.6～7.6	黄—蓝	0.05%（水）
酚红	6.8～8.4	黄—红	0.05%（水）
麝香草酚蓝	8.0～9.6	黄—蓝	0.04%（水）
酚酞	8.3～10.0	无色—红	0.05（50%酒精）
麝香草酚蓝	9.3～10.5	无色—蓝	0.04（50%酒精）
霉素黄	10.0～12.0	无色—黄	0.1（酒精）
硝铵	10.8～13.0	无色—橙	0.01%（水）

1. 酸碱指示剂

2. 混合指示剂

甲基黄 300mg、甲基红 200mg、酚酞 100mg、麝香草酚蓝 500mg、溴麝香草酚蓝 400mg。将上述物质溶于 500mL 酒精中，逐滴加入 0.01mol·L^{-1}NaOH 溶液，直至溶液呈现橙黄色为止。它在不同 pH 溶液中的颜色如下：

pH	2	4	6	8	10
颜色	红	橙	黄	绿	蓝

3. 淀粉指示剂

称取 0.5g 可溶性溶粉、于研钵中加少量水研成糊状，倒入 100mL 沸水中，边加边搅拌。冷却后，加入 2g KI，如需久置，则加少量 HgI$_2$ 或 ZnCl$_2$，甘油等作防腐剂。

4. K-B指示剂

称取 0.2g 酸性铬蓝 K，0.4g 奈酚绿 B 溶于 100mL 水中即成。简称 K-B 指示剂。由于酸性铬蓝 K 的水溶液不稳定，通常将指示剂用固体 NaCl 粉末稀释后使用（即用固体）。混合指示剂中的奈酚绿 B 的滴定过程中没有颜色的变化，只起衬托终点颜色的作用。

K-B 指示剂可用于测定 Ca^{2+}、Mg^{2+} 总量，也可用于单独测定 Ca^{2+} 含量，使用方便。

附录4 常用基准物质的干燥条件及应用

基准物质		干燥后的组成	干燥条件	标定对象
名称	分子式			
碳酸氢钠	$NaHCO_3$	Na_2CO_3	270～300	酸
十水合碳酸钠	$Na_2CO_3 \cdot 10H_2O$	Na_2CO_3	270～300	酸
硼砂	$Na_2B_4O_7 \cdot 10H_2O$	$Na_2B_4O_7 \cdot 10H_2O$	放在盛有 NaCl 和蔗糖饱和溶液的干燥器中	酸
碳酸氢钾	$KHCO_3$	K_2CO_3	270～300	酸
二水合草酸	$H_2C_2O_4 \cdot 2H_2O$	$H_2C_2O_4 \cdot 2H_2O$	室温空气干燥	还原剂
邻苯二甲酸氢钾	$KHC_8H_4O_4$	$KHC_8H_4O_4$	110～120	还原剂
重铬酸钾	$K_2Cr_2O_7$	$K_2Cr_2O_7$	140～150	还原剂
溴酸钾	$KBrO_3$	$KBrO_3$	130	还原剂
碘酸钾	KIO_3	KIO_3	130	还原剂
铜	Cu	Cu	室温干燥器中保存	还原剂
三氧化二砷	As_2O_3	As_2O_3	室温干燥器中保存	氧化剂
草酸钠	$Na_2C_2O_4$	$Na_2C_2O_4$	130	氧化剂
碳酸钙	$CaCO_3$	$CaCO_3$	110	EDTA
锌	Zn	Zn	室温干燥器中保存	EDTA
氧化锌	ZnO	ZnO	900～1000	EDTA
氯化钠	NaCl	NaCl	500～600	$AgNO_3$
氯化钾	KCl	KCl	500～600	$AgNO_3$
硝酸银	$AgNO_3$	$AgNO_3$	280～290	氯化物

附录5 某些有机化合物的物理常数（20℃）

名称	密度	熔点/℃	沸点/℃	折射率	溶解度(g/100mL)		
					水	醇	醚
四氯化碳	1.594	−22.96	76	1.4607	0.08	混溶	混溶
氯仿	1.4862	−63.5	61.2	1.4476	0.82	混溶	混溶

名称	密度	熔点/℃	沸点/℃	折射率	溶解度(g/100mL)		
					水	醇	醚
苯	0.879	5.5	80.1	1.5016 (29℃)	0.07	混溶	混溶
甲苯	0.866	−95	110.6	1.4893	不溶	混溶	混溶
甲醇	0.792	−97.8	64.7	1.329	混溶	混溶	混溶
乙醇	0.789	−114.5	78.4	1.3610	混溶	混溶	混溶
异丙醇	0.785	−89.5	82.4	1.3772	混溶	混溶	混溶
丁醇	0.810	−89.8	118.0	1.3993	9(13℃)	混溶	混溶
苯甲醇	1.045	−15.2	205.4	1.5396	4(17℃)	混溶	混溶
丙三醇	1.261	18.2	290	1.4764	混溶	混溶	不溶
苯酚	1.076	40.9	181.8	1.5418 (41℃)	8.2	混溶	混溶
乙醚	0.7134	−116.3	34.3	1.3526	7.5	混溶	混溶
甲醛	0.815	−92	−21	1.7346	易溶	易溶	易溶
乙醛	0.783 (18℃)	123.5	20.2	1.3716 (40℃)	混溶	混溶	混溶
丙酮	0.791	−94.8	56.2	1.3585	混溶	混溶	混溶
甲酸	1.220	8.40	100.8	1.3714	混溶	混溶	混溶
草酸	1.650	186	157	1.504	120(100℃)	1.3(15℃)	
苯甲酸	1.316 (28℃)	122.4	100	(132℃)	0.21 (17.5℃)	易溶	混溶
水杨酸	1.443	159	211	1.565	微溶	易溶	易溶
乙酐	1.081	−73	140	1.3904	12(冷)	混溶	易溶
乙酸乙酯	0.901	−83.6	77.2	1.3723	8.5(15℃)	混溶	混溶
乙酰水杨酸	1.35	135 (分解)			微溶	易溶	混溶
乙酰乙酸乙酯	1.025	−14	180.4	1.4194	13(17℃)	混溶	混溶
水杨酸甲酸	1.1738	−8.6	223.3	1.5369	微溶	易溶	混溶
苯胺	1.022	−6.1	184.4	1.5863	3.6(18℃)	混溶	混溶
尿素	1.323	135		1.484	易溶	易溶	混溶
乙酰苯胺	1.219	133	305		3.5(80℃)	21(20℃)	7(25℃)

附录6 试剂的配制

1.2,4-二硝基苯肼溶液

Ⅰ.在15mL浓硫酸中,溶解3g的2,4-二硝基苯肼。另在70mL 95%乙醇里加20mL水。然后把硫酸苯肼倒入稀乙醇溶液中,搅动混合均匀即成橙红色液(若有沉淀应过滤)。

Ⅱ.将1.2g的2,4-硝基苯肼溶于50mL30%高氯酸中,配好后储于棕色瓶中,不易变质。

Ⅰ法配制的试剂,2,4-硝基苯肼浓度较大,反应时沉淀多便于观察。Ⅱ法配制的试剂由于高氯酸盐在水中溶解度很大，因此便于检验水中醛且较稳定，长期贮存不易变质。

2. 卢卡斯（Lucas）试剂

将 34g 氯化锌在蒸发皿中强热熔融，稍冷后放在干燥器中冷至室温，取出捣碎，溶于 23mL 浓盐酸中（相对密度 1.187）。配制时须加以搅动，并把容器放在冰水浴中冷却，以防氯化氢逸出。此试剂一般是临用时配制。

3. 托伦（Tollen）试剂

Ⅰ. 取 0.5mL 10％硝酸银溶液于试管里，滴加氨水，开始出现黑色沉淀。再继续滴加氨水，边滴边摇动试管，直到沉淀刚好溶解为止。得澄清的硝酸银氨水溶液，即托伦试剂。

Ⅱ. 取一支干净试管，加入 1mL 5％硝酸银，滴加 5％氢氧化钠 2 滴，产生沉淀。然后滴加 5％氨水，边摇边滴加，直到沉淀消失为止，此为托伦试剂。

无论Ⅰ法或Ⅱ法，氨的量不宜多，否则会影响试剂的灵活度。Ⅰ法配制的托伦试剂较Ⅱ法配制的碱性弱，在进行糖类试验时，用Ⅰ法配制的试剂较好。

4. 谢里瓦诺夫（Selivanoff）试剂

将 0.05g m-苯二酚溶于 50mL 浓盐酸中，再用蒸馏水稀释至 100mL。

5. 席夫（Schiff）试剂

在 100mL 热水中溶解 0.2g 品红盐酸盐，放置冷却后，加入 2g 亚硫酸氢钠和 2mL 浓盐酸，再用蒸馏水稀释至 200mL。

或先配制 10mL 二氧化硫的饱和水溶液，冷却后加入 0.2g 品红盐酸盐，溶解后放置数小时使溶液变成无色或淡黄色，用蒸馏水稀释至 200mL。

此外，也可将 0.5g 品红盐酸盐溶于 100mL 热水中，冷却后用二氧化硫气体饱和至粉红色消失，加入 0.5g 活性炭，振荡过滤，再用蒸馏水稀释至 500mL。

本试剂所用的品红是假洋红（Para-rosaniline 或 Para-Fuchsin），此物与洋红（Rosaniline 或 Fuchsin）不同。席夫试剂应密封贮存在暗冷处，倘若受热或见光，或露置空气中过久，试剂中的二氧化硫易失，结果又显桃红色。遇此情况，应再通入二氧化硫，使颜色消失后使用。但应指出，试剂中过量的二氧化硫愈少，反应就愈灵敏。

6. 0.1％茚三酮溶液

将 0.1g 茚三酮溶于 124.9mL95％乙醇中，用时新配。

7. 饱和亚硫酸氢钠

先配制 40％亚硫酸氢钠水溶液，然后在每 100mL 的 40％亚硫酸氢钠水溶液中，加不含醛的无水乙醇 25mL，溶液呈现透明清亮状。

亚硫酸氢钠久置后易失去二氧化硫而变质，所以上述溶液也可以按下法配制：将研细的碳酸钠晶体（$Na_2CO_2 \cdot 10H_2O$）与水混合，水的用量使粉末上只覆盖一薄层水为宜。然后在混合物中通入二氧化硫气体，至碳酸钠近乎完全溶解，或将二氧化硫通入 1 份碳酸钠与 3 份水的混合物中，至碳酸钠全部溶解为止，配制好后密封放置，但不可放置太久，最好是用时新配。

8. 饱和溴水

溶解 15g 溴化钾于 100mL 水中，加入 10g 溴，振荡即成。

9. 莫利许（Molisch）试剂

将 2g α-萘酚溶于 20mL 95％乙醇中，用 95％乙醇稀释至 100mL，贮于棕色瓶中。一般用前配制。

10. 盐酸苯肼-醋酸钠溶液

将 5g 盐酸苯肼溶于 100mL 水中，必要时可以微热助溶，如果溶液呈深色，加活性炭共热，过滤后加 9g 糖酸钠晶体或用相同量的无水醋酸钠，搅拌使之溶解，贮于棕色瓶中。

11. 班氏（Benedict）试剂

把 4.3g 研细的硫酸铜溶于 25mL 热水中，待冷却后用水稀释至 40mL，另把 43g 柠檬酸钠及 25g 无水碳酸钠（若用有结晶水的碳酸钠，则取量应按比例计算）溶于 150mL 水中，加热溶解，待溶解冷却后，再加入上面所配的硫酸铜溶液，加水稀释至 250mL。将试剂贮于试剂瓶中，瓶口用橡皮塞塞紧。

12. 淀粉碘化钾试纸

取 3g 可溶性淀粉，加入 25mL 水，搅匀倾入 225mL 沸水中，再加入 1g 碘化钾及 1g 结晶硫酸钠，用水稀释到 500mL。将滤纸片（条）浸渍，取出晾干，密封备用。

13. 蛋白质溶液

取新鲜鸡蛋清 50mL，加蒸馏水至 100mL 搅拌溶解。如果混浊，滴加 5％氢氧化钠至刚清亮为止。

14. 10％淀粉溶液

将 1g 可溶性淀粉溶于 5mL 冷蒸馏水中，用力搅成稀浆状，然后倒入 94mL 沸水中，即得近于透明的胶体溶液，放冷使用。

15. β-萘酚

取 4g β-萘酚，溶于 40mL5％氢氧化钠溶液中。

16. 斐林（Fehling）试剂

斐林试剂由斐林试剂 A 和斐林试剂 B 组成，使用时将两者等体积混合，其配法分别是：

斐林 A 试剂：将 3.5g 含有五个结晶水的硫酸铜溶于 100mL 的水中即得淡蓝色的斐林 A 试剂。

斐林 B 试剂：将 17g 五结晶水的酒石酸钾钠溶于 20mL 热水中，然后加入含有 5g 氢氧化钠的水溶液 20mL，稀释至 100mL 即得无色清亮的斐林 B 试剂。

17. 碘溶液

Ⅰ. 将 20g 碘化钾溶于 100mL 蒸馏水中，然后加入 10g 研细的碘粉，搅动使其全溶呈深红色溶液。

Ⅱ. 将 1g 碘化钾溶于 100mL 蒸馏水，然后加入 0.5g 碘，加热溶解即得红色清亮溶液。

附录 7　常用洗涤液的配制

名称	配制方法	备注
铬酸洗液	在天平上称取研细了的重铬酸钾 20g，放入 500mL 烧杯中，加水 40mL，并加热溶解。待溶解后，冷却，再慢慢加入 350mL 粗浓硫酸即成（加酸时应边加边搅拌）	配好的洗液应为深褐色，贮存于细口瓶中备用。经多次使用失效后，可加适量高锰酸钾再生。用时防止被水稀释
氢氧化钠的高锰酸钾洗涤液	在天平上称取高锰酸钾 4g，溶于少量水中，向该溶液中慢慢加入 100mL 10％的氢氧化钠溶液	该洗液用于洗涤油腻及有机物
硝酸洗液	56mL 浓硝酸慢慢加到 500mL 水中	宜除去铝和搪瓷器中的沉垢
碱洗液	①40g 氢氧化钠溶于 100mL 水②将氢氧化钠溶于 96％工业乙醇制成饱和溶液	宜用于被油脂弄脏的器皿